石油高职高专规划教材

油 气 计 量

（富媒体）

代晓东　　王　华　　王晓涛　主编

张新昌　主审

石油工业出版社

内 容 提 要

本书以计量基础、油品静态和动态计量与损耗以及天然气计量和损耗为主线,系统地介绍了油气计量工艺的原理、方法、设施、流程,并结合油气输送技术相关知识详细介绍了油气计量各个过程中的相关原理、方法、设备和流程等。通过本书学习,可以掌握法制计量管理和科学计量管理的基本知识,了解和掌握先进的计量方法,掌握基本的误差理论和统计方法,熟知相关测量技术文件,掌握测量技术、量值溯源方法等知识。本书在传统出版的基础上,以二维码为纽带,加入富媒体教学资源,为读者提供更为丰富的知识和便利的学习环境。

本书可作为高职高专院校油气储运技术、城市燃气工程技术等相关专业教材,也可作为从事计量检定、校准和原油、天然气及石油化工产品计量操作人员、管理人员的培训教材与参考用书。

图书在版编目(CIP)数据

油气计量:富媒体/代晓东,王华,王晓涛主编. —北京:石油工业出版社,2019.8(2022.1重印)

石油高职高专规划教材

ISBN 978 – 7 – 5183 – 3526 – 8

Ⅰ. ①油…　Ⅱ. ①代…②王…③王…　Ⅲ. ①油气—计量—高等职业院校—教材　Ⅳ. ①TE863.1

中国版本图书馆 CIP 数据核字(2019)第 165436 号

出版发行:石油工业出版社

　　　　(北京市朝阳区安华里 2 区 1 号楼　100011)

　　　　网　　址:www. petropub. com

　　　　编辑部:(010)64256990

　　　　图书营销中心:(010)64523633　(010)64523731

经　　销:全国新华书店

排　　版:北京密东文创科技有限公司

印　　刷:北京中石油彩色印刷有限责任公司

2019 年 8 月第 1 版　2022 年 1 月第 2 次印刷

787 毫米×1092 毫米　开本:1/16　印张:12.25

字数:314 千字

定价:32.00 元

(如出现印装质量问题,我社图书营销中心负责调换)

《油气计量(富媒体)》
编审人员

主　编:代晓东　中国石油大学胜利学院

　　　　王　华　重庆能源职业学院

　　　　王晓涛　湖南石油化工职业技术学院

主　审:张新昌　中国石油管道公司大连输油气分公司

参　编:(按姓氏拼音排序)

　　　　高　静　延安职业技术学院

　　　　郭彩娟　中国石油新疆油田油气储运分公司

　　　　韩宝中　天津工程职业技术学院

　　　　李秋玥　天津石油职业技术学院

　　　　苏花卫　承德石油高等专科学校

　　　　吴廷辉　中国石油管道公司大连输油气分公司

　　　　杨兰侠　天津工程职业技术学院

　　　　张丽萍　大庆职业学院

前　言

随着油气资源开发和利用的不断发展,油气开发、运输以及生产过程中的油气计量准确与否直接影响到企业的效益和信誉度,因此从生产管理和经营管理上各企业都对油气计量工作越来越重视,要求计量可以精确地反映实际。结合各石油石化高职院校调研情况,基于石油类专业教学过程中对应用型油气计量相关教材和讲义的需求,以及计量从业人员对油气计量相关技术和设备知识的需求,2018 年 4 月,中国石油大学胜利学院、重庆能源职业学院、湖南石油化工职业技术学院、承德石油高等专科学校、大庆职业学院、天津石油职业技术学院、天津工程职业技术学院、延安职业技术学院等 8 所高职院校的教师和中国石油管道公司大连输油气分公司、中国石油新疆油田油气储运分公司的专家聚集一堂,就本书的编写进行了深入研讨,确定了编写大纲和要求。经过一年的精心打造,现呈现给读者。

本书的特点是适应油气类应用型课程教学和高职高专教学需要,也可用作转岗培训以及岗前培训教材,侧重油气计量人才必须掌握的基本理论、基础知识和基本技能,方便教学和组织培训。

本书由代晓东、王华、王晓涛担任主编,由张新昌担任主审,具体编写分工如下:第一章由代晓东编写;第二章由高静、李秋玥和苏花卫编写;第三章由韩宝中和杨兰侠编写;第四章由王华编写;第五章由王晓涛编写;第六章第一节至第五节由张丽萍编写,第六节至第八节由郭彩娟编写;第七章由代晓东和吴廷辉编写。全书由代晓东统稿,由张新昌高级工程师审定。另外,本书富媒体资源主要由吴廷辉和郭彩娟在油气计量一线采集制作;同时,在本书的编写过程中参考了一些相关专家的科研报告及论文著作,在此表示衷心感谢。

由于编者水平有限,书中难免有错误和疏漏,恳请广大读者提出宝贵意见。

编　者

2019 年 3 月

目　　录

富媒体资源目录

本书富媒体资源主要由吴廷辉和郭彩娟采集制作,若教学需要,可向责任编辑索取,邮箱为 upcweijie@ 163. com。

第一章 绪 论

第一节 计量工作简介

一、计量与测量

计量是"实现单位统一、量值准确可靠的活动"。此定义的"单位"是指计量单位。《中华人民共和国计量法》规定："国家采用国际单位制。国际单位制计量单位和国家选定的其他计量单位,为国家法定计量单位。"此定义的"活动",包括科学技术上的、法律法规上的和行政管理上的活动。

人类为了生存和发展,必须认识自然、利用自然和改造自然。而自然界的一切现象、物体和物质,是通过一定的"量"来描述和体现的。也就是说,现象、物体或者物质的特性,其大小可以用一个数和(或)一个参照对象表示。这里的"量",是指可测的量,它必须借助于计量器具测得,它区别于可数的量。因此,要认识大千世界和造福人类社会,就必须对各种"量"进行分析和确认,既要区分量的性质,又要确定其量值。计量正是达到这种目的的重要手段之一。量可指一般概念的量或特定量,其参照对象可以是一个测量单位、测量程序、标准物质或其组合。

随着科技、经济和社会的发展,计量的内容也在不断地扩展和充实,通常可概括为6个方面:计量单位和单位制;计量器具(包括测量仪器),包括计量单位和计量基准、标准与工作计量器具;量值传递与量值溯源,包括检定、校准、测试、检验与检测;物理常量、材料与物质特性的测定;不准确度、数据处理与测量理论及其方法;计量管理,包括计量保证与计量监督等。

测量是"通过实验获得并可合理赋予某量一个或多个量值的过程"。测量是通过实验获得,说明测量在一定的控制条件下,其结果是可以重复获得的;其目的是合理地赋予某量一个或多个量值。"合理地赋予"说明测量必须要符合相应的测量程序、测量方法、测量仪器及其测量结果的处理,不是随意的一种操作,而随着量的扩展和测量仪器的发展,不是只获得一个量值,也可以获得多个量值,进行多参数测量,明确了测量是一个"过程",即是一项活动。什么是过程?过程是指"一组将输入转化为输出的相互关联相互作用的活动"。测量过程有三个要素:(1)输入,确定被测量及对测量的要求(包括资源);(2)测量活动,需要进行策划,要确定测量原理、方法、程序,配备资源,选择具有测量能力的人员,控制测量条件,识别测量过程中影响量的影响,实施测量的操作;(3)输出,按输入的要求给出测量结果。

测量不适用于标称特性,如人的性别、油漆的颜色、化学中斑点测试的颜色、在多肽中氨基酸的序列等。测量意味着量的比较并包括实体的计数。测量的先决条件是对测量结果预期用途相适应的量的描述、测量程序以及根据规定测量程序(包括测量条件)进行操作的经校准的测量系统。测量结果是"与其他有用的相关信息一起赋予被测量的一组量值"。

由于整个测量活动的不完善以及测量误差的必然性,通常,测量结果只是对被测量的真值做出的估计。所以,在给出测量结果时应同时说明本结果是如何获得的,是示值,还是平均值;已经做修正,还是未做修正;不确定度是如何评定的;置信概率和自由度为多少等。

测量方法是"对测量过程中使用的操作所给出的逻辑性安排的一般性描述"。测量的方法有替代测量法、微差测量法、零位测量法、直接测量法、间接测量法、定位测量法等。此外还有按被测对象的状态进行的分类,如静态测量、动态测量、瞬态测量,以及工业现场的在线测量、接触测量、非接触测量等。

计量究其科学技术是属于测量的范畴,但又严于一般的测量,在这个意义上可以狭义地认为,计量是与测量结果置信度有关的、与不确定度联系在一起的规范化的测量。计量是一门科学。

二、计量的特点与作用

(一)计量的特点

计量的特点取决于计量所从事的工作,即为实现单位统一、量值准确可靠而进行的科技、法治和管理活动。概括地说,可归纳为准确性、一致性、溯源性和法制性四个方面。

准确性是指测量结果与被测量真值的一致程度。由于实际上不存在完全准确无误的测量,因此在给出量值的同时,必须给出适应于应用目的或者实际需要的不准确度或误差范围。否则,所进行的测量的质量(品质)就无从判断,量值也就不具备充分的实用价值。所谓量值的准确,即是在一定的不确定度、误差极限或者误差允许范围内的确定。

一致性是指在统一计量单位的基础上,无论何时、何地,采用何种方法使用何种计量器具,以及由何人测量,只要符合有关要求,其测量结果就应该在给定的区间内一致。也就是说,测量结果应是可重复、可再现(复现)、可比较的。换言之,量值是确实可靠的,计量的核心实质是对测量结果及其有效性、可靠性的确认,否则,计量就失去其社会意义。计量的一致性不限于国内,也适用于国际。例如,国际关键比对和辅助比对结果应在等效区间内一致。

溯源性是指"通过文件规定的不间断的校准链,将测量结果与参照对象联系起来的特性,校准链中的每项校准均会引入测量不准确度"。这种特质使所有的同种量值,都可以按照这条比较链通过校准向测量的源头溯源,也就是溯源到同一个计量基准(国家基准或者国际基准),从而使准确性和一致性得到技术保证。否则,量值出于多源或者多头,必然会在技术上和管理上造成混乱。所谓"量值溯源",是指自下而上不间断地校准而构成的溯源体系;而"量值传递",则是自上而下通过逐级检定而构成检定系统。量值传递是"通过测量仪器的校准或检定,将国家测量标准所实现的单位量值通过各等级的测量标准传递到工作测量仪器的活动,以保证测量所得的量值准确一致"。

法制性来自计量的社会性,因为量值的准确可靠不仅依赖于科学技术手段,还要有相应的法律、法规和行政管理。特别是对国计民生有明显影响、涉及公众利益和可持续发展或需要特殊信任的领域,必须由政府主导建立起法治保障。否则,量值的准确性、一致性及溯源性就不可能实现,计量的作用也就难以发挥。

(二)计量的作用

随着社会生产力的提高、市场经济的不断发展和科学技术的进步,计量的范畴与概念也随之发生了变化。如果说早期的计量仅限于度量衡的概念,局限于商业贸易范畴内,那么,现代计量则是渗透到国民经济各个领域,无论是工农业生产、国防建设、科学实验和国内外贸易乃至人们日常生活都离不开计量,它已成为科学研究、经济管理、社会管理的重要基础和手段。计量水平的高低已成为衡量一个国家的科技、经济和社会发展程度的重要标志之一。

计量在学科方面具有双重性。从科学技术角度来说,它属于自然科学,从经济与管理学、社会学的概念方面理解,它又属于社会科学范畴。因此,计量具有自然科学与社会科学双重性。这一性质,客观上决定了它在国民经济当中所具有的重要地位及所起的重要作用。

1. 计量与人民生活

计量与人民生活密切相关,商品生产和交换是当代社会的一个特点。人民日常买卖中的计量器具是否准确,家用电表、水表、煤气表是否合格,公共交通的时刻是否准确,都会直接关系到人们的切身利益。

粮食是人民生活的必需品,直接关系到人们的生存和健康。所以粮食及粮食制品的生产、储存和加工过程都离不开计量测试。

在医疗卫生方面,计量测试的作用更加明显,计量和化验的数据不准,将会产生更严重的后果。所以计量与人民的生活无时无刻都存在着关联。

2. 计量与工农业生产

计量在工农业生产中的作用和意义是很明显的,计量是科学生产的技术基础。从原材料的筛选到定额投料,从工艺流程到产品质量的检验,都离不开计量。优质的原材料、先进的工艺设备和现代化的计量检测手段,是现代化生产的三大支柱。

农业生产,特别是现代化的农业生产,也必须有计量来保证。事实证明,科学生产和新技术开发应用都离不开计量测试。

3. 计量与国防科学

计量在国防建设中具有非常重要的作用。国防尖端系统庞大复杂,涉及许多科学技术领域,技术难度高,要求计量的参数多、精度高、量程大、频带宽,所以计量在国防尖端技术领域显得尤为重要。

对国防尖端技术系统来说,工作环境比较特殊,往往要在现场进行有效的计量测试且难度较大。例如,飞行器在运输、发射、运行、回收等过程中,要经历一系列的震动、冲击、高温、低温、强辐射等恶劣环境的考验。原子弹、氢弹等核武器的研制与爆炸威力的实验,对计量都有着极其严苛的特殊要求。

在国防建设中,计量测试是极其重要的技术基础,具有明显的技术保障作用,它为指挥员判断与决策提供了可靠的依据,对实验成功与否有着极大的关系。

4. 计量与贸易

计量在贸易中起着很重要的作用,从历史上简单的物品交换,到今天发达的国际贸易,每一步都离不开计量。不同国家与不同民族之间的交易,都要有公平的、统一的计量器具来保障双方交易的公平合理性。按照国际惯例和合同条款要求,货物一般均按上岸后的计量结果作为结账依据。过去,我国在出口原油时,缺乏精确可靠的计量手段,为了避免索赔罚款,往往采取多装多运的办法,使得大量原油白白浪费,甚至遭到船主以超重为由提出索赔的憾事。如果我们将计量精度提高到接近国际计量水平,可避免不应有的经济损失,同时也可提高我国在国际上的计量声誉。计量是保证产品质量、提高商品市场竞争能力的主要技术保障。计量水平的高低已成为一个国家科技、经济和社会发展进步程度的重要标志。随着我国对外贸易的不断扩展,对计量准确度的要求也将越来越高。

5. 计量与科学技术

科学技术是人类生存与发展的重要基础,没有科学技术就不可能有人类的今天,计量本身就是科学技术的一个组成部分。近几年科研成果的涌现,如原子对撞机、深水探测机器人、地球资源卫星及卫星测控技术、航天工程"神舟"号试验飞船、储氢纳米碳管的研制成功、三峡工程的建设,都标志着我国现代科技发展的先进水平。这些先进成果的涌现标志着我国的计量技术也进入了一个新的发展阶段。

新中国成立以来,计量机构经历了由国家计量局、国家技术监督局、国家质量技术监督局到国家市场监督管理总局、国家市场监督管理总局的变迁,每一次变迁,计量工作都得到了逐步强化和发展,计量领域越来越宽广,计量工作的地位和作用进一步加强。

三、计量学

(一)计量学及其特点

计量学是测量及其应用的科学,是研究测量原理和方法,保证测量单位统一和量值准确的科学。它包括测量理论和实践的各个方面,是现代科学的一个重要组成部分。计量学研究的是与测量有关的一切理论和实际问题。从计量学的发展进程来看,它由科学计量学,发展到法制计量学,进而扩展至工业计量学。计量学涵盖有关测量的理论及不论其测量不确定度大小的所有应用领域。

科学计量学是指:研究计量单位、计量单位制及计量基准、标准的建立、复现、保存和使用;计量与测量器具的特性和各种测量方法;测量不确定度的理论和数理统计方法的实际应用;根据预定目的进行测量操作的测量设备以及进行测量的观测人员及其影响;基本物理常数有关理论和标准物质特性的测量。

法制计量学是指:为了保证公众安全和测量的准确、可靠,从技术要求和法律要求方面研究计量单位、测量设备和测量方法的国家监督管理。它是计量学的一部分。

工业计量学也称工程计量学,是指各种工程及工业企业中的应用计量,即为工业提供的校准和测试服务,并利用测量设备,按生产工艺控制要求检测产品特性和功能所进行的技术测量。所以工业计量学也称技术计量学。

现代计量学已发展为以量子物理学和测量误差为基础,以国际单位制确定计量单位,利用激光、超导、传感和转换技术以及现代信息计算技术等最新成就的新兴测量科学。随着生产和科学技术的发展,现代计量学的内容还会更加丰富。

现代计量学作为一门独立的学科,它的主要特点大致如下:

(1)要求建立通用于各行各业的单位制,以避免各种单位制之间的换算。

(2)利用现代科技理论方法,在重新确立基本单位定义时,以客观自然现象为基础建立单位的新定义,代替以实物或宏观自然现象定义单位。使基础单位基准建立为"自然基准",从而使得可以在不同国家独立地复现单位量值以及大幅度提高计量基准的准确度,使量值传递链有可能大大缩短。

(3)充分采用和吸取了自然科学的新发现与科学技术的新成就,如约瑟夫森效应、量子化霍尔效应、核磁共振及激光、低温超导和计算机技术等,使计量科学面目一新,进入了蓬勃发展的阶段。

(4)现代计量学不仅在理论基础、技术手段和量值传递方式等方面取得很大发展,而且在应用服务业领域也获得了极大的扩展。计量学得到了世界各国政府、自然科学界、经济管理界以及工业企业的普遍重视。

(二)计量学的分类

计量学包括的专业很多,有物理量、工程量、物质成分量、物理化学特性量等。按被测的量来分,大体上可以分为十大类(俗称十大计量):几何量(长度)计量、温度计量、力学计量、电磁学计量、无线电(电子)计量、时间频率计量、电离辐射计量、光学计量、声学计量、化学(标准物质)计量。每一项中又可分为若干项。

从科学发展来看,计量原本是物理学的一部分,或者说是物理学的一个分支。随着科技、经济和社会的发展,计量的概念和内容也在不断扩展和充实,逐渐形成了一门研究测量理论和实践的综合性科学。就学科而论,计量学又可以分为通用计量学、应用计量学、技术计量学、理论计量学、品质计量学、法制计量学和经济计量学等七个分支。

(1)通用计量学是研究计量的一切共性问题,而不是针对具体被测量的计量学部分。例如,关于计量单位的一般知识(如单位制的结构、计量单位的换算等)、测量误差与数据处理、测量不确定度、计量器具的基本特性等。

(2)应用计量学是研究特定计量的计量学部分,是关于特定的计量体的计量,如长度计量、频率计量、天文计量、海洋计量、医疗计量等。

(3)技术计量学是研究计量技术,包括工艺上的计量问题的计量学部分,如几何量的自动测量、在线测量等。

(4)理论计量学是研究质量管理的计量学部分,例如,关于量和计量单位的理论、测量误差理论和计量信息理论等。

(5)品质计量学是研究质量管理的计量学部分,例如,关于原材料、设备以及生产中用来检查和保证有关品质要求的计量器具、计量方法、计量结果的质量管理等。

(6)法制计量学是研究法制管理的计量学部分,例如,为了保证公众安全、国民经济和社会的发展,依据法律、技术和行政管理的需要而对计量单位、计量器具、计量方法和计量精确度(或不确定度)以及专业人员的技能等所进行的法制强制管理。

(7)经济计量学是研究计量的经济效益的计量学部分。这是近年来人们相当关注的一门边缘学科,涉及面甚广,例如,生产率的增长、产品质量的提高、物质资源的节约、国民经济的管理、医疗保健以及环境保护方面的作用等。

四、计量技术

计量技术是指研究建立计量标准、计量单位制、计量检定和测量方法等方面的科学技术，也是通过实现单位统一和量值准确可靠的测量，发展研究精密测量，以保证生产和交换的进行，保证科学研究可靠性的一门应用科学技术。

计量技术贯穿于各行各业，是面向全社会服务的横向技术基础，以实验技术为主要特色，直接为国民经济与社会服务，是人类认识自然、改造世界的重要手段。随着现代科学技术的发展，计量技术水平也在不断提高。目前按计量技术专业分类的十大计量涉及现代科学的各个领域，也完全适用于广大人民群众生产和生活的需要。计量比度量衡更确切、更概括、更科学。

几何量是人类认识客观物体存在的重要组成部分之一，用以描述物体大小、长短、形状和位置。它的基本参量是长度和角度。长度单位名称是米，单位符号是 m；角度分为平面角和立体角，其单位名称分别是弧度和球面度，对应的单位符号分别是 rad 和 sr。长度单位米在国际单位制中被列为第一个基本单位，许多物理量单位都含有长度单位因子。因此，不但几何量本身，而且大量导出单位的计量基准的不确定度在很大程度上都取决于长度与角度量值的准确度。在几何量计量中除了使用两个基本参量外，还引入许多工程参量，如直线度、圆度、圆柱度、粗糙度、端面跳动、渐开线、螺旋线等，这些参量都是多维复合参量。

温度是表征物体冷热程度的物理量，它的单位名称是开[尔文]，单位符号是 K，它是国际单位制中七个基本单位之一。从能量角度来看，温度是描述系统不同自由度间能量分布状况的物理量；从热平衡的观点来看，温度是描述热平衡系统冷热程度的物理量，它标志着系统内部分子无规律运动的剧烈程度。

力学计量研究的对象是物体力学量的计量与测试。与其他计量专业相比，力学计量涵盖的内容更广泛，通常分为质量、密度、容量、黏度、重力、力值、硬度、转速、振动、冲击、压力、流量、真空等 13 个计量项目。质量是国际单位制中七个基本单位之一，单位名称为千克，单位符号是 kg，其他力学计量单位均为导出单位。

时间频率计量包括时间与频率计量。时间是国际单位制中七个基本单位之一，单位名称是秒，单位符号是 s。频率是单位时间内周期性过程重复、循环或振动的次数，可用相应周期的倒数表示，它的单位名称是赫[兹]，单位符号是 Hz。

还有电磁学计量、无线电(电子)计量、电离辐射计量、光学计量、声学计量、化学(标准物质)计量等。这十大计量构成了计量领域的完整体系，使科学技术技术不断向前发展。

第二节　计量管理

一、国际计量管理体系

(一)米制公约

1. 概述

米制公约最初是 1875 年 5 月 20 日由 17 个国家的代表于法国巴黎签署的，并于 1927 年做了修改,我国于 1977 年 5 月 20 日加入米制公约组织。

2.米制公约组织机构

1)国际计量大会

国际计量大会(CGPM)由米制公约组织成员国的代表组成,是米制公约组织的最高权力机构,它由国际计量委员会召集,每 4 年在法国巴黎召开一次,其任务是:讨论和采取保证国际单位制推广和发展的必要措施,批准新的基本的测试结果,通过具有国际意义的科学技术决议,通过有关国际计量局的组织和发展的重要决议。

2)国际计量委员会

国际计量委员会(CIPM)是米制公约组织的领导机构,受国际计量大会的领导,并完成大会休会期间的工作,至少每 2 年集会一次。

3)国际计量局

国际计量局(BIPM)是米制公约组织的常设机构,在国际计量委员会的领导和监督下工作,是计量科学研究工作的国际中心。国际计量局设在法国巴黎近郊的色佛尔。

4)咨询委员会

咨询委员会(CC)是国际计量委员会下属的国际机构,负责研究与协调所属专业范围内的国际计量工作,提出关于修改计量单位值和定义的建议,使国际计量委员会直接做出决定或提出议案交国际计量大会批准,以保证计量单位在世界范围内的统一,以及解答所提出的有关问题等。目前共设有 9 个咨询委员会。

(二)国际法制计量组织

1.概述

国际法制计量组织(OIML)是 1955 年 10 月 12 日根据美国、联邦德国等 24 国在巴黎签署的《国际法制计量组织公约》成立的,总部设在巴黎。中国政府于 1985 年 2 月 11 日参加该组织,同年 4 月 25 日起成为该组织的正式成员国。

2.国际法制计量组织机构

1)国际法制计量大会

国际法制计量大会(CGML)是国际法制计量组织的最高组织形式,每 4 年召开一次。

2)国际法制计量委员会

国际法制计量委员会(CIML)是国际法制计量组织的领导机构,由各成员国政府任命的一名代表组成,代表必须是从事计量工作的职员,或法制计量部门的现职官员。

3)国际法制计量局

国际法制计量局(BIML)是国际法制计量组织的常设执行机构,设于法国巴黎,由固定的工作人员组成。该局的职责主要是保证国际法制计量大会及委员会决议的贯彻执行,协助有关组织机构、成员国之间建立联系,指导与帮助国际法制计量组织秘书处的工作。下设国际法制计量组织秘书处(指导秘书处、报告秘书处)和 18 个技术委员会(TC)。

二、国内计量管理体系

（一）计量行政管理部门

根据《中华人民共和国计量法》(以下简称《计量法》)规定,我国按行政区域建立各级政府计量行政管理部门,即国务院计量行政管理部门、省(自治区、直辖市)政府计量行政管理部门、市(盟、州)计量行政部门、县(区、旗)政府计量行政部门。它是国家的法定计量机构,是"负责在法定计量领域实施法律或法规的机构"。法定计量机构可以是政府机构,也可以是国家授权的其他机构,其主要任务是执行法制计量控制。

1. 国务院计量行政管理部门

国家市场监督管理总局为国务院的直属机构,是国务院计量行政管理部门。它受国务院直接领导,负责组织研究、建立和审批各项计量标准;推行国家法定计量单位,组织起草、审批颁布各项国家计量检定系统表和检定规程;指导和协调各部门与地区的计量工作,对省、自治区、直辖市质量技术监督局实行业务领导。

2. 省(自治区、直辖市)政府计量行政管理部门

省(自治区、直辖市)质量技术监督局,为同级人民政府的工作部门,接受国家计量行政部门的直接领导。

3. 市(盟、州)计量行政部门

市(盟、州)质量技术监督局,为省级质量技术监督局的直属机构,接受省级计量行政部门的直接领导。

4. 县(区、旗)政府计量行政部门

县(区、旗)根据工作需要,可设质量技术监督局,为上一级质量技术监督局的直属机构,并接受其直接领导。

5. 企业计量组织

企业计量组织是企业为加强自身的计量管理而组成的计量管理部门。例如,中国石油化工股份有限公司(简称中国石化)销售企业的计量管理工作,由中国石化销售公司实行统一归口领导,对各省(区、市)石油分公司进行分级管理。

中国石化销售有限公司数质量科技处为销售企业计量管理主管部门,负责销售企业计量管理工作,其职责为:

(1)宣传、贯彻落实国家计量法律、法规和方针、政策,参与制定中国石油化工集团公司和中国石化股份有限公司的有关计量管理制度、工作计划和发展规划。

(2)组织制定销售企业计量管理制度、工作计划和发展规划,并监督检查贯彻执行情况。

(3)组织销售企业计量工作检查、评优和经验交流,推行科学的现代计量管理模式,不断提高计量管理水平。

(4)组织销售企业计量技术与管理人员的培训。

(5)组织销售企业重大计量科研项目研究、计量新技术推广应用,负责审批进出口计量器具的选型,不断提高销售企业计量自动化水平。

(6)仲裁和处理销售企业内重大计量纠纷事宜。

(7)组织、协调与销售企业外相关单位的计量事宜。

(8)集团公司、股份公司委托或授权的其他事宜。

销售企业计量员是指持有"中国石化股份有限公司《计量员证》,从事石油产品的交接计量和监测计量工作的人员",其主要职责为:

(1)认真学习计量法律、法规,严格执行计量标准、操作规程和安全规范。

(2)掌握本岗位计量器具配备规定和检定周期,正确合理地使用计量器具并进行维护保养,妥善保管,使之保持良好的技术状态。

(3)能按照国家标准和规程,认真进行检测并提供准确可靠的计量数据,保证计量原始数据和有关资料的完整。

(4)计量作业中发生非正常损、溢,应查明原因并及时上报。

(5)熟悉损、溢处理及索赔业务。

油品计量是石化企业计量管理工作中最重要的组成部分。原油进厂的准确计量、成品油销售的准确计量,都是直接影响企业经济效益和企业信誉的关键环节。油品计量员是国家计量法的直接执行者,是按照国家标准进行计量的直接操作者,它既要求计量员有较高的文化素质,要熟悉国家法律、法规和有关的计量交接规程,又要求计量员有准确的操作技能,更要求计量人员热爱本职工作,思想作风正派,有良好的职业道德和风范,才能做到诚实、公正、准确。计量员是企业利益的监督保证者,保证减少和避免不必要的经济损失,同时也是消费者利益的保护者,是一个企业形象的集中体现者。因此,计量员的岗位是一个重要而光荣的岗位,每个计量员都要争取成为执行计量法的模范。

(二)计量技术机构

为了保证我国计量单位制的统一和量值的准确可靠,并与国际惯例接轨,国家本着一切从实际出发的原则,既考虑原来按行政区域建立起来的各级计量技术机构,又要符合国家计量检定系统表的要求,依法设置了相应的计量技术机构,为实施《计量法》提供技术保证。

目前,我国建立两个国家级计量技术机构:中国计量科学研究院和中国测试技术研究院。中国计量科学研究院主要负责建立国家最高计量基准、标准,保存国家计量基准和最高标准器,并进行量值传递工作;中国测试技术研究院主要从事精密仪器设备及测试技术的研究,直接为生产、建设、科研服务。

县级以上人民政府计量行政部门根据需要也都设置了计量检定机构,执行强制检定和其他检定测试任务。对于各自专业领域的单一计量参数项目,我国陆续授权有关行业、部门建立了专业计量站,负责各自专业领域的量值传递任务。例如,国家轨道衡计量站(北京)、国家原油大流量计量站(大庆)、国家大容器计量抚顺检定站(抚顺)、国家铁路罐车容积检定站(北京)。

依据《计量法》的有关规定,各级政府计量行政部门也相继授权一些在本行政区域内的专业计量站、厂矿计量室对社会开展部分项目的计量检定工作,为社会提供公证数据。

中国石化销售有限公司下设计量管理站,是销售公司计量技术与管理的执行机构。计量管理站的职责如下:

(1)负责提出有关销售企业计量管理制度、工作计划和发展规划的建议,监督、检查销售企业计量工作执行情况。

(2)指导、推动销售企业采用现代科学计量管理模式;负责销售企业计量报表的统计汇总;开展计量工作经验交流和评比工作。

(3)负责组织编写销售企业计量培训教材,负责销售企业计量检定人员和通槽(航)点计量员(工)的培训、考核、发证等具体工作。

(4)开展计量测试技术研究、进口计量器具的选型、计量新技术的推广和应用。

(5)开展国家计量部门授权项目的检定,对销售企业计量器具量值溯源进行技术指导。

(6)协调、处理销售事业部委托或授权的其他事宜。

(7)对计量器具生产厂家产品进行评价,做好推荐工作。

(8)股份公司、销售事业部委托或授权的其他事宜。

除此之外,随着市场经济的不断发展,各部门和企事业单位为了适应生产,提高产品质量,保障生产安全,满足工作的需要,也建立了统一管理本单位计量工作的计量检定机构。

上述机构为我国计量法制监督提供了技术保证,同时也为社会提供了各种计量技术服务。

(三)其他计量组织

1. 全国专业计量技术委员会

全国专业计量技术委员会(MTC)简称"技术委员会",是由国家市场监督管理总局组织建立的技术工作组织,它根据国家计量法律、法规、规章和政策,积极采用国际法制计量组织(OIML)"国际建议""国际文件"的原则,结合我国具体情况在本专业领域内,负责制定、修订和宣贯国家计量技术法规以及开展其他有关计量技术工作。

2. 中国计量测试学会

中国计量测试学会(CSM)是中国科协所属的全国性学会之一,是计量技术和计量管理工作者按专业组织起来的、群众性学术团体,是计量行政部门在计量管理上的助手,也是计量管理机关与管理对象联系的桥梁。该学会于1961年2月建立,现已成为国际计量技术联合会中较有影响的成员。

中国计量测试学会的主要任务:开展学术交流活动,推广先进的计量测试技术;开展计量测试技术咨询、技术服务和决策咨询活动;开展对计量科技人员的继续教育活动;开展国际交往活动,加强同国外有关科学技术团体和计量测试科技工作者的友好联系;编辑出版学术刊物和科普读物;指导地方计量测绘学会的工作。

思考题

1. 米制公约何时由哪些国家在何地签署? 我国在何时加入米制公约组织?

2. 我国的计量管理体系包括哪些?

3. 计量技术机构的职责是什么?

第二章 计量基础

第一节 量 与 单 位

一、量、量制和量纲

(一)量

量是阐述物质及其运动规律的一个最主要的基本概念。经常遇到的量包括货币量、计数量和可测量。计量的对象是可测的量。可测的量是指现象、物体或物质可定性区别和定量确定的一种属性。要认识大千世界和造福人类，就必须对各种"量"进行分析与确认，既要区分量的性质，又要确定其量的大小。计量正是达到这种目的的手段之一。从广义上说，计量是对"量"的定性分析和定量确定的过程。

(二)量制和量纲

(1)量制是彼此间存在确定关系的一组量。量制又分为基本量和导出量。基本量是指在给定量制中约定的认为在函数关系上彼此独立的量。例如，在国际单位制所考虑的量制中，长度、质量、时间、热力学温度、电流、物质的量和发光强度为基本量。导出量是指在给定量制中由基本量的函数所定义的量。例如，在国际单位制所考虑的量制中，速度是导出量，定义为长度除以时间。

(2)量纲是以给定量制中基本量的幂的乘积表示某量的表达式。量纲为一的量，又称作无量纲量，是指在量纲表达式中，其基本量量纲的全部指数均为零的量，如线应变、摩擦因数、马赫数、折射率、摩尔分数(物质的量分数)、质量分数。在国际单位制中，任何量纲一的量其一贯单位都是一，符号是1。

二、单位和单位制

计量是用实验的方法或专门的仪器、设备，将被测物理量与该参数的已知计量单位进行比较，以求得二者比值，进而求得被测物理量的量值。计量单位是为定量表示同种量的大小而约定的定义和采用的特定量。被测量的量制与计量单位可用下式表示：

$$Q = qV$$

式中　V——量 Q 所选用的计量单位；

　　　q——用计量单位 V 表示时量 Q 的数值。

从式中可知，q 的大小与计量单位有关。为了准确地表达被测量的计量值，在其比值结果上需乘以计量单位。

单位制是指为给定量制建立的一组单位，它是由一组选定的基本单位和由定义公式与比例因数确定的导出单位所构成的全部单位的总体和一套完善的规则。

三、国际单位制

国际单位制是国际计量大会（CGPM）在 1960 年第 11 届国际计量大会上通过并推荐采用的一种一贯单位制，简称 SI。一贯单位制，可以选择一种单位制，使包含数字因数的数值方程同相应的量方程式有完全相同的形式，这样在使用中比较方便。对有关量制及其方程式而言，按此原则构成的单位制称为一贯单位制，简称为一贯制。在一贯制的单位方程中，数字因数只能是 1，而 SI 就是这种单位制。

一贯导出计量单位是可由比例因数为 1 的基本单位幂的乘积表示的导出测量单位。例如，在国际单位制中，$1N = 1kg \cdot m \cdot s^{-2}$，N（牛顿）就是力的一贯单位。一贯计量单位制是由一组基本单位和一贯导出单位组成的单位制。国际单位制为世界通用单位制，其一般具有统一性、简明性、实用性、合理性、科学性、继承性、世界性等特点。

四、法定计量单位

国家法定计量单位是由国家法律承认、具有法定地位的计量单位。《计量法》第三条规定：国家采用国际单位制，国际单位制计量单位和国家选定的其他计量单位，为国家法定计量单位，国家法定计量单位的名称、符号由国务院公布，非国家法定计量单位应当废除，废除的办法由国务院制定。我国的法定计量单位由三部分构成，如图 2 - 1 所示。

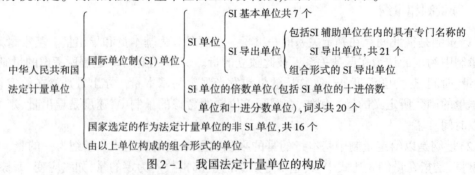

图 2 - 1　我国法定计量单位的构成

(一)国际单位制(SI)基本单位

SI 基本单位由长度、质量、时间、电流、热力学温度、物质的量、发光强度等七个基本量构成，见表 2 - 1。

(二)SI 导出单位

SI 导出单位是用 SI 基本单位以代数形式表示的单位。SI 导出单位由两部分构成：一部分是包括 SI 辅助单位在内的具有专门名称的 SI 导出单位,共 21 个;另一部分是组合形式的 SI 导出单位,即用 SI 基本单位和具有专门名称的 SI 导出单位(含辅助单位)以代数形式表示的单位,见表 2－2。

表 2－1　SI 基本单位

量 的 名 称	单 位 名 称	单 位 符 号
长度	米	m
质量	千克(公斤)	kg
时间	秒	s
电流	安[培]	A
热力学温度	开[尔文]	K
物质的量	摩[尔]	mol
发光强度	坎[德拉]	cd

表 2－2　SI 导出单位

量 的 名 称	SI 导出单位		
	名称	符号	用 SI 基本单位和 SI 导出单位表示
[平面]角	弧度	rad	$1\ \text{rad} = 1\text{m/m} = 1$
立体角	球面度	sr	$1\ \text{sr} = 1\text{m}^2/\text{m}^2 = 1$
频率	赫[兹]	Hz	$1\ \text{Hz} = 1\ \text{s}^{-1}$
力	牛[顿]	N	$1\ \text{N} = 1\text{kg} \cdot \text{m/s}^2$
压力,压强,应力	帕[斯卡]	Pa	$1\ \text{Pa} = 1\text{N/m}^2$
能[量],功,热量	焦[耳]	J	$1\ \text{J} = 1\text{N} \cdot \text{m}$
功率,辐[射能]通量	瓦[特]	W	$1\ \text{W} = 1\text{J/s}$
电荷[量]	库[仑]	C	$1\ \text{C} = 1\text{A} \cdot \text{s}$
电压,电动势,电位,(电势)	伏[特]	V	$1\ \text{V} = 1\text{W/A}$
电容	法[拉]	F	$1\ \text{F} = 1\text{C/V}$
电阻	欧[姆]	Ω	$1\ \Omega = 1\text{V/A}$
电导	西[门子]	S	$1\ \text{S} = 1\Omega^{-1}$
磁通[量]	韦[伯]	Wb	$1\ \text{Wb} = 1\text{V} \cdot \text{s}$
磁通[量]密度,磁感应强度	特[斯拉]	T	$1\ \text{T} = 1\text{Wb/m}^2$
电感	亨[利]	H	$1\ \text{H} = 1\text{Wb/A}$
摄氏温度	摄氏度	℃	$1\ ℃ = 1\text{K}$
光通量	流[明]	lm	$1\ \text{lm} = 1\text{cd} \cdot \text{sr}$
[光]照度	勒[克斯]	lx	$1\ \text{lx} = 1\text{lm/m}^2$

(三)国家选定的非国际单位制单位

由于实用上的广泛性和重要性,在我国法定计量单位中,为 11 个物理量选定了 16 个与 SI 单位并用的非 SI 单位。其中 10 个是国际计量大会同意并用的非 SI 单位,另外 6 个则是根据国内外的实际情况选用的,见表 2－3。

表 2 - 3　可与国际单位制单位并用的我国法定计量单位

量 的 单 位	单 位 名 称	单 位 符 号	与 SI 单位的关系
时间	分	min	$1\,min = 60\,s$
	时	h	$1\,h = 60\,min = 3600\,s$
	日	d	$1\,d = 24\,h = 86400\,s$
平面角	度	(°)	$1° = (\pi/180)\,rad$
	[角]分	(′)	$1′ = (\pi/10800)\,rad$
	[角]秒	(″)	$1″ = (\pi/648000)\,rad$
体积	升	L(l)	$1\,L = 1\,dm^3 = 10^{-3}\,m^3$
质量	吨	t	$1\,t = 10^3\,kg$
	原子质量单位	u	$1\,u \approx 1.660540 \times 10^{-27}\,kg$
能	电子伏	eV	$1\,eV \approx 1.602177 \times 10^{-19}\,J$
旋转速度	转每分	r/min	$1\,r/min = (1/60)\,s^{-1}$
长度	海里	n mile	$1\,n\,mile = 1852\,m$（只用于航行）
速度	节	kn	$1\,kn = (1852/3600)\,m/s$（只用于航行）
级差	分贝	dB	
线密度	特[克斯]	tex	$1\,tex = 10^{-6}\,kg/m$
面积	公顷	hm^2	$1\,hm^2 = 10^4\,m^2$

第二节　误差理论基础

一、误差的定义及表示方法

在计量工作中,为了建立基准、标准和进行量值传递,人们进行着大量的测量工作。当进行测量的时候,必然有误差,这是由于测量设备、环境、人员方法等不理想造成的。随着科学水平的提高和人们经验、技巧及专业知识的丰富,误差可以被控制得越来越小,但却无法使误差降低为零。一切测量结果都带有误差,误差存在于一切科学试验和测量的过程中,这就是误差公理。

(一)误差的定义

所谓误差,就是某一被测量的测量值与客观真实值之差。测量的目的是希望能正确地反映被测参数的真实值。但是,测量过程始终存在着各种各样因素的影响,测量结果不可能绝对准确,而只能尽量接近真实值。测量值与真实值之间始终存在着一定偏差,这一偏差称为测量误差。一个测量结果,只有当知道它的测量误差或指明其误差范围时,这种测量结果才有意义。

测量误差(A)为测量结果(X)减去被测量的真值(L),即

$$A = X - L \qquad\qquad (2-1)$$

由测量所得到的赋予被测量的值称为测量结果,是客观存在的量的试验表现,仅是对测量所得被测量之值的近似或估计。它与量的本身、测量程序、测量仪器、测量环境以及测量人员均有关系,表达时应该声明其是示值、未修正测量结果(系统误差修正前的测量结果)或已修正测量结果(系统误差修正后的测量结果)、是否为平均值。

测量仪器的示值是指测量仪器所给出的量值。

真值:与给定的特定量的定义完全一致的值,本质上是不能确定的。它是量的定义的完整体现,是通过完善的或完美无缺的测量,才能获得的值。

约定真值:对于给定目的具有适当不确定度的、赋予特定量的值,有时是约定采用的,也称为指定值、最佳估计值、约定值或参考值。

约定真值可以分为:

(1)由计量基准、标准复现而赋予该特定量的值。例如,用二等标准石油密度计检定工作用石油密度计,标准密度计已修正测量结果为 $0.7300\text{g}/\text{cm}^3$,工作用密度计示值为 $0.7295\text{g}/\text{cm}^3$,该测量误差为:$0.7295 - 0.7300 = -0.0005(\text{g}/\text{cm}^3)$。

(2)采用权威组织推荐的该量的值,如米制的长度的最新规定、平面三角形内角和恒定为 $180°$ 等。

(3)用某量的多次测量结果来确定该量的约定真值。

(二)误差的表示方法

误差的表示方法有绝对误差、相对误差、引用误差、修正值与偏差等。

1.绝对误差

$$绝对误差 = 测量结果 - 真值 \qquad (2-2)$$

绝对误差的结果可正可负。而误差的绝对值为误差的模,只有正值。

2.相对误差

$$相对误差 = (绝对误差/被测量的真值) \times 100\% \qquad (2-3)$$

【例 $2-1$】 工作用测深钢卷尺测量液位高度为 1000mm,真值为 1001mm。求测深钢卷尺的绝对误差、相对误差和误差的绝对值。

解:
$$绝对误差 = 1000 - 1001 = -1(\text{mm})$$
$$相对误差 = (-1/1001) \times 100\% = -0.0999\%$$
$$误差的绝对值 = 1(\text{mm})$$

【例 $2-2$】 用同一工作用测深钢卷尺测量液位高度为 10000mm,真值为 10001mm。求测深钢卷尺的绝对误差、相对误差和误差的绝对值。

解:
$$绝对误差 = 10000 - 10001 = -1(\text{mm})$$
$$相对误差 = (-1/10001) \times 100\% = -0.00999\%$$
$$误差的绝对值 = 1(\text{mm})$$

结论:两次测量,绝对误差相同,误差的绝对值相同,但相对误差不同,通过比较可以看出,后者测量准确度高于前者,所以相对误差能更好地描述测量的准确程度。

3.引用误差

引用误差为测量仪器的误差除以仪器的特定值(测量仪器的量程或标称范围的上限)。

【例 $2-3$】 一台标称范围为 $0 \sim 150\text{V}$ 的电压表,当在示值为 100.0V 处用标准电压表检定得实际值为 99.4V,求电压表的绝对误差、相对误差和引用误差。

解:
$$绝对误差 = 100 - 99.4 = 0.6(\text{V})$$
$$相对误差 = [(100 - 99.4)/99.4] \times 100\% = 0.6\%$$

$$引用误差 = [(100 - 99.4)/150] \times 100\% = 0.4\%$$

引用误差表示测量仪器的准确度等级。0.5 级腰轮流量计满量程最大允许绝对误差为 $\pm 0.5\%$ FS,指该仪器用引用误差表示的仪器允许误差值,都是满量程误差。

4. 修正值

用代数方法与未修正测量结果相加,以补偿其系统误差的值称为修正值,有

$$修正值 = 真值 - 未修正测量结果 \tag{2-4}$$

所以

$$真值 = 未修正测量结果 + 修正值 = 未修正测量结果 - 误差 \tag{2-5}$$

修正值与误差的绝对值大小相同,符号相反。为消除或减少系统误差,对未修正结果所乘的数值因素称为修正因数。

修正值可以用比例内插法(线性插值法)求取,公式如下:

$$\Delta x = \Delta x_1 + \frac{\Delta x_1 - \Delta x_2}{x_2 - x_1}(x - x_1) \tag{2-6}$$

式中　$x, \Delta x$——测量示值和其对应的修正值;

　　x_1, x_2——测量示值的下临近被检分度值、上临近被检分度值;

　　$\Delta x_1, \Delta x_2$——分度值 x_1、x_2 的修正值。

【例 2-4】 用某一石油玻璃温度计测得煤油的计量温度为 $14.6\,℃$,知此温度计在 $10\,℃$ 分度和 $20\,℃$ 分度时的修正值分别为 $-0.2\,℃$ 和 $+0.1\,℃$,求修正后的实际计量温度。

解:根据比例内插法公式

$$
\begin{aligned}
\Delta x &= \Delta x_1 + \frac{\Delta x_1 - \Delta x_2}{x_2 - x_1}(x - x_1) \\
&= -0.2 + \frac{0.1 - (-0.2)}{20 - 10} \times (14.6 - 10.0) \\
&= -0.062 \approx -0.1(℃)(保留到十分位)
\end{aligned}
$$

故修正后的实际计量温度:$T = 14.6 + (-0.1) = 14.5(℃)$

答:该石油玻璃温度计测量实际温度为 $14.5\,℃$。

【例 2-5】 用某一 SY-05 石油密度计测得 90 号汽油的视密度为 $0.7258\,\text{g/cm}^3$,知此密度计在 $0.72\,\text{g/cm}^3$ 分度和 $0.73\,\text{g/cm}^3$ 分度的修正值分别是 $+0.0002\,\text{g/cm}^3$ 和 $+0.0003\,\text{g/cm}^3$,求修正后的实际视密度。

解:根据比例内插法公式

$$
\begin{aligned}
\Delta x &= \Delta x_1 + \frac{\Delta x_1 - \Delta x_2}{x_2 - x_1}(x - x_1) \\
&= 0.0002 + \frac{0.0003 - 0.0002}{0.73 - 0.72} \times (0.7258 - 0.7200) \\
&= 0.000258 \approx 0.0003(\text{g/cm}^3)(保留到万分位)
\end{aligned}
$$

故修正后的视密度:　　$\rho'_t = 0.7258 + 0.0003 = 0.7261(\text{g/cm}^3)$

答:该石油密度计测量实际密度为 $0.7261\,\text{g/cm}^3$。

5. 偏差

偏差是实际值减去标称值,即

$$偏差 = 实际值 - 标称值$$

标称值又称参考值,是测量仪器上表明其特性或指导其使用的量值,该值为圆整值或近似值。

【例2-6】 标称值为1m的钢板尺,检定其实际值为1.003m,此尺的偏差为多少?

解: 偏差 = 实际值 - 标称值 = 1.003 - 1 = +0.003(m)

定义中的偏差值与修正值相等,与误差等值反向。偏差相对于实际值而言,修正值和误差相对于标称值而言,所指对象不同。另外,上述尺寸偏差还有个易混概念称为极限偏差(上偏差和下偏差组成的限制尺寸变动的区域,称为尺寸公差带)。

二、误差的来源

一般误差主要有四个方面的来源,即装置误差、方法误差、人为误差、环境误差。

(一)装置误差

测量装置是指为确定被测量值所必需的计量器具和辅助设备的总称。计量装置本身不完善和不稳定所引起的计量误差称为装置误差。装置误差分为以下几种:

(1)标准器误差。标准器呈现出来的客观值与实际标准值之间的差异,导致其自身带来误差。

(2)仪器、仪表误差。仪器、仪表是指将被测的量转换成可直接观测的指示值或等效信息的计量器具,如秒表、流量计等。这些仪器仪表自身结构原理和性能的不完善、灵敏度的下降、分辨力的降低、精确性问题等均能引起测量误差,甚至测量仪器的安装情况(垂直、水平等)、内部工作介质(水、油等)等也能引起误差。

(3)附件误差。测量附件是指为测量创造一些必要条件,或使测量方便地进行的各种辅助器具。这类附件也会引起误差。

(二)方法误差

采用近似的或不合理的测量方法和计算方法而引起的误差称为方法误差。方法误差的来源有以下几种:

(1)仪器无法到达指定测量点引起的误差。例如,测量油罐内油品的温度,由于计量孔位置偏移,不能使温度计到达具有代表性的指定点。

(2)计算中近似值的选用,如圆周率近似取 $\pi \approx 3.14$。

(3)复杂的计算公式改用简单的经验公式。

(4)多种不同测量方法的测量结果也不尽相同。

(三)人为误差

操作人员由于受分辨能力、反应速度、固有习惯、估读能力、视觉差异、操作熟练程度以及一时生理或心理的异态反应而造成的误差称为人为误差,如读数误差、照准误差(仪器照准目标产生的误差)等。

(四)环境误差

由于客观环境偏离了规定的参比条件而引起的误差称为环境误差,如温度、湿度、气压、振动、照明等。

三、误差的分类及特点

按照在测量结果中出现的性质和可掌握控制的程度,测量误差可分为系统误差和随机误差。

(一)系统误差

1.概念

在重复性条件下,对同一被测量进行无限多次测量所得结果的平均值与被测量的真值之差称为系统误差。

2.特点

(1)有可能会产生保持恒定不变或可预知方式变化的测量误差分量。

(2)可能确定的系统误差只是其估计值,并具有一定的不确定度;不宜把系统误差分为已定系统误差和未定系统误差,不宜说未定系统误差按随机误差处理。

(3)系统误差大抵来源于影响量,它对测量结果的影响若已识别并可定量表述,则称为"系统效应"。该效应的大小是显著的,则可通过估计的修正值予以补偿。

(二)随机误差

1.概念

测量结果与在重复性条件下,对同一被测量进行无限多次测量所得结果的平均值之差称为随机误差。

2.特点

(1)每个测得值的误差以不可预定的方式变化。

(2)就单个随机误差估计值而言,没有确定的规律。

(3)就整体而言,服从一定的统计规律;大多数服从正态分布率,也有的服从均匀分布等。

(4)随机误差大抵来源于影响量的变化,这种变化在时间上和空间上是不可预知的或随机的。

(5)随机误差的统计规律性、对称性、有界性、单峰性。对称性是指绝对值相等符号相反的误差,出现的次数大致相等,即测得值是以它的算数平均值为中心而对称分布的。由于所有误差的代数和趋于零,故随机误差又具有抵偿性。有界性是指测得值误差的绝对值不会超过一定的界限。单峰性是指绝对值小的误差比绝对值大的误差数目多。

(6)粗大误差归于随机误差一类。粗大误差是人为的、过失性的或者疏忽性的,但不大可能是故意的误差。

四、保证量值准确的四大因素

当测量出现问题的时候,当事人首先想到的往往是计量器具有问题。不过更经常的是即使更换了新的器具,问题依然没有解决,这时候,人们应该回到基础阶段去发现问题的根源。

(一)适当的仪器

就需要而言,什么仪器是适当的?首先要考虑的是公差的范围。从另一个意义上来说,公差给你一个余地,它保证将你所要的结果控制在仪器的精确度之内。

但仪器的精度并不总是可靠的,即便新的仪器也是如此。所以还需要另一个标准——校准。校准报告能告诉你仪器的精度,这样就可以决定这台仪器是否适用。在考虑校准这一项时,还要特别注意这一项目内应包括有关部件,如刻度等的校准。有时候,配件的部分也很容易出问题。

(二)适当的环境

再好的测量器具,如果不能在适当的环境下使用,它也一钱不值。对于长度测量来说尤其如此。就环境而言,第一个重要的因素是温度。一般来说,应该在国际参考温度 20℃ 或 60 ℉ 左右,如果不在这个温度条件下,那么测量值就应做适当的修正。

在实践中,温度对于测量值的影响是非常明显的。如果你的加工装置是钢制的,而你要测量其上一个铝的零件,那么这个铝制件的尺寸在每一个温差等级上都是钢制件尺寸变化的两倍。最终的结果,测量所得的值将会成倍变化。

一般来说,公差要求越严,对温度控制的要求也就越高。说到容易做到难,为了控制温度必须学习怎样处理具体问题。这意味着必须监视以至控制加工车间的温度变化。如果加工的部件体积较大,可能还需要从不同的角度监控温度的变化;如果加工件是一个高大的物体,就需要监控从屋顶到地板的不同点的温度。

温度测量的最终点应该集中在加工件本身。加工件本身温度的影响比车间里其他位置的温度对测量值的影响要大得多。

对温度的测量最终应体现为一张温差图。这样就可以知道,车间里什么地方温度平稳,什么地方温度起伏较大,以便采用不同的方式来处理这些问题。

如果加工件是用同一材料制成的,就要特别注意不同时间段车间里的温度变化,应该设定具体的时间段来测量温度,并监控温度变化。

对待温度的最简单的办法是控制它。如果做不到,就需要选择各种方法控制加工的部件。

良好的光线、整齐清洁的场所也应该考虑到,许多测量数据不准确是因为灰尘和污垢。测量仪器和工装设备也可能因为缺少清洁和适当的养护,如使用油污的棉纱擦拭,而失掉精度。

(三)适当的场地

测量能力取决于是否有适当的工作场地。工作场地条件不好,可能不会影响产品的功能,却会影响产品的尺寸,如圆形工件的问题经常是由于工作场地不够平稳造成的。千分尺无论给出多少数据,它都不能量出工件运行时的数据,圆规却可以做到。

有些数据仅靠表面测量是得不到的,因此各种形状(针状、线状、球状)的测量仪器被制造出来了。这些仪器降低了测量误差发生的概率。

比较典型的例子是测量螺钉的螺纹,它与配套的螺母是否合适,只有安装的时候才知道,这里的问题是螺纹线的斜度。另一个比较容易出现的问题是,被测量的物体不规则,即不是平面的也不是方形的。

(四)适当的人员

在测量方面有关人的因素包括两点:训练和技术。测量人员必须知道测量时的技巧,必须知道怎样做才能得到正确的结果。

不幸的是,大部分负责测量的人只受过很少的专业或非专业的训练。而这种训练通常只意味着教人们怎样读取数据。

技术学校和质量协会经常是培训人们学习测量技术的最佳地点。有一些仪器制造厂也教人们怎样使用测量仪器。

五、消除或减少误差的方法

(一)系统误差的消除或减少

1.原理

(1)事先研究系统误差的性质和大小,以修正量的方式,从测量结果中予以修正。

(2)根据系统误差的性质,在测量时选择适当的测量方法,使系统误差相互抵消不带入测量结果。

2.具体方法

(1)修正值法:定值系统误差采用此方法。注意:修正值本身也存在误差,修正后的测量结果不是真值,而是比未修正测量结果更接近真值的估计值。

(2)从产生根源消除:要求测量者对所用的测量标准装置、测量环境条件、测量方法等进行仔细分析、研究,尽可能找出产生系统误差的根源,进而采取相应措施消除误差。例如,家用弹簧秤的微调;天平调水平;量油尺内部弹簧受尺砣影响,量程大于真值。

(3)交换法(又称高斯法):在测量中将某些条件,如被测物的位置互换,使产生系统误差的原因对测量结果起相反作用,从而抵消系统误差,如天平交换物体和砝码的位置。

(4)替代法(又称波尔达法):测量完被测量后,保持其他条件不变,用一个已知标准值代替被测量,若测量结果仍平衡,则被测量=已知标准值;若不平衡,调整使之平衡,可得到被测量=标准值+差值。

(5)补偿法(又称异号法):进行两次测量,改变其中某些条件,让两次测量结果产生的误差值大小相等,符号相反,取两次测量的算数平均值作为测量结果,抵消系统误差。

(6)对称测量法:在测量被测量之前,对称地分别对同一已知量进行测量,将对已知量两次测得的平均值与被测得值进行比较,可消除线性系统误差。

(7)半周期偶数测量法:对于周期性的系统误差,可以采用半周期偶数测量法,即每经过半个周期进行偶数次观察(波峰波谷相互抵消)的方法来消除。该方法广泛应用于测角仪器。

(8)组合测量法:由于按复杂规律变化的系统误差不易分析,采用组合测量法可使系统误差以尽可能多的方式出现在测量值中,从而将系统误差变成为随机误差处理。

由于对随机误差、系统误差等掌握或控制的程度受到需要和可能两方面的制约,当测量要求和观察范围不同时,掌握和控制的程度也不同,于是会出现一误差在不同场合下按不同类别处理的情况。系统误差与随机误差没有一条不可逾越的明显界限,而且二者在一定条件下可能相互转化。

(二)随机误差的消除或减少

随机误差是由很多暂时未能掌握或不便掌握的微小因素所构成的,这些因素在测量过程中相互交错、随机变化,以不可预知的方式综合地影响测量结果。随机误差就个体而言是不确定的,但对其总体(大量个体的总和)而言,是服从一定的统计规律的,因此可以用统计方法分析其对测量结果的影响。

大多数的随机误差具有单峰性(即绝对值小的误差出现的概率比绝对值大的误差出现的概率大)、对称性(即绝对值相等的正误差和负误差出现的概率相等)、有界性(在一定测量条件下,误差的绝对值不会超过某一定界限)等特性。

随机误差里的粗大误差,这种明显超出规定条件下预期的误差会明显地歪曲测量结果,应给予剔除。

粗大误差产生的原因既有测量人员的主观因素,如读错、记错、写错、算错等,也有环境干扰的客观因素,如测量过程中突发的机械振动、温度的大幅度波动、电源电压的突变等,使测量仪器示值突变,产生粗大误差。此外,使用有缺陷的计量器具,或者计量器具使用不正确,也是产生粗大误差的原因之一。含有粗大误差的测量结果视为离群值,按数据统计处理准则来剔除。

在重复条件下的多次测得值中,有时会发现个别值明显偏离该数值算术平均值,对它的可靠性产生怀疑,这种可疑值不可随意取舍,因为它可能是粗大误差,也可能是误差较大的正常值,反映了正常的分散性。正确的处理办法是:首先进行直观分析,若确认某可疑值是由于写错、记错、误操作等,或者是外界条件的突变产生的,可以剔除,这就是直观判断或称为物理判别法。直观判断法无法区分时,要进行条件性计算或使用相关数据处理方法。

测量数据的简单处理包括以下三方面工作内容。

1. 一般步骤

对一个量进行等精度独立测量后,如系统误差已采取措施消除,应按以下步骤进行测量数据的处理。

(1)求算术平均值。算术平均值是一个量的 n 次测量值的代数和再除以 n 而得的商,即

$$\bar{x} = \frac{x_1 + x_2 + x_3 + x_4}{n} \tag{2-7}$$

式中　$\bar{x}$——算术平均值;

　　n——测量次数。

(2)求残余误差(v_i)及其平方值和。残余误差是测量列中的一个测量值 x_i 和该列的算术平均值 x 之间的差,即

$$v_i = x_i - x \tag{2-8}$$

(3)求单次测量的标准偏差(均方差、均方根误差)。测量列中单次测量的标准偏差,是表征同一被测量值的多次测量所得结果的分散性参数。在实际测量中,测量次数虽然是充分的,但毕竟有限,因而往往用残余误差代替测得值与被测量的真值之差,并按式(2-9)计算标准偏差的估计值:

$$\sigma = \sqrt{\frac{\sum_{i=1}^{n}(x_i - x)^2}{n-1}} \tag{2-9}$$

2. 标准偏差 σ 的求取

标准偏差 σ 是在真值已知,且测量次数 $n \to \infty$ 的条件下定义的。实际上,测量次数总是有限的,真值也是无法知道的。因此,符合定义的标准偏差的精确值是无法得到的,只能求取其

估计值。现主要介绍贝塞尔法。

利用贝塞尔法,可在有限次测量的条件下,借助算术平均值求出标准偏差的估计值。

【例 2-7】 对某一物件进行 10 次测量,所得数据为(单位为 mm)

$$10.0040、10.0057、10.0045、10.0065、10.0051、$$
$$10.0053、10.0053、10.0050、10.0062、10.0054$$

试求均方差。

解:(1)求算术平均值:

$$\bar{x} = 10.0053$$

(2)求残差:

$$\nu_i = x_i - \bar{x} = x_i - 10.0053$$

以 μm 为单位时,对应于上述测量数据的各残差依次为:-1.3、0.4、-0.8、1.2、-0.2、0、0、-0.3、0.9、0.1。

验算:

$$\sum_{i=1}^{n} \nu_i = 0$$

故上述计算正确。

(3)求残差的平方值及其和:求上列残值的平方值,结果依次为(单位为 μm):1.69、0.16、0.64、1.44、0.04、0、0、0.09、0.81、0.01,各残值的平方和为

$$\sum_{i=1}^{10} \nu_i^2 = 4.88(\mu m^2)$$

(4)求标准偏差的估计值:

$$\sigma = \sqrt{\frac{\sum_{i=1}^{10} \nu_i^2}{n-1}} = \sqrt{\frac{4.88}{10-1}} \approx 0.7(\mu m)$$

3. 粗大误差的剔除

在一组测量数据中难免存在着粗大误差。因此,在估计随机误差时,必须事先剔除其中存在的粗大误差;否则,将显著影响测量结果。

常用的剔除粗大误差方法是莱因达准则(3σ 准则)。当随机误差呈正态分布时,大于 3σ 的随机误差出现概率小于 0.27%,相当于测量 370 次才出现一次。由此可以认为,对于有限次测量,误差值大于 3σ 一般是不可能的。此时,若出现误差大于 3σ 的测值,则有理由认为它含有粗大误差,应予剔除,这就是莱因达准则剔除粗大误差的原理。莱因达准则以固定概率为基础建立,一律以置信概率 P = 99.73% 确定粗大误差界限。

设一组等精度测值 $x_1, x_2, \cdots, x_n$,经计算得其算数平均值为 $\bar{x}$,残差 $\nu_i = x_i - \bar{x}$,按贝塞尔公式计算得出的标准偏差:

$$\sigma = \sqrt{\frac{\sum_{i=1}^{n} \nu_i^2}{n-1}} \qquad (2-10)$$

若组中某个测值的 x_i 残差 $\nu_d(1 \leq d \leq n)$ 满足下式:

$$|\nu_d| = |\nu_d - \bar{x}| > 3\sigma$$

则可认为 ν_d 是含有粗大误差的测值,应予剔除。应该注意的是,测量次数少于或等于 10 次时,残差永远小于 3σ。这时是无法剔除粗大误差的。因此,此准则在测量次数大于 10 次时才有用。

此外,剔除粗大误差的方法还有肖维勒准则、格拉布斯准则、t 检验准则、狄克逊准则等。

第三节 计量数据处理

数据处理是计量工作中的一个重要环节,也是计量过程的最后环节,为了保证计量数值的准确性和可靠性,科学地对数据进行处理至关重要。计量数据处理既不能提高测量准确度,也不能降低测量准确度,而应当真实可靠地反映测量准确度。

在计量数据处理中,最常用的方法有最小二乘法、曲线拟合法与多元回归分析法等。下面主要讲一下数字修约原则及近似数的运算。

一、相关名词解释

(一)测量

通过实验获得并可合理赋予某个物理量一个或多个量值的过程称为测量。

(二)测量准确度

测量准确度是指测量结果与被测量真值之间的一致程度。关于准确度是一个定性概念的问题,可以从以下三个方面理解。首先,被测量真值其实就是被测量本身,它是一个理想化的无法实际获得的概念。因此,不可能准确而定量地给出准确度的值。其次,传统的误差理论认为准确度是系统误差与随机误差的综合,而对它们的合成方法,国际上一直没有统一。最后,习惯上所说的准确度其实表示的是不准确的程度,但人们又不愿意用贬义的称谓,而宁可用褒义的称谓。

作为历史形成的习惯用语,七个国际组织在 1993 年规定,沿用的准确度只是测量结果与被测量真值之间的一致程度或接近程度,只是一个定性概念,不宜将其定量化。例如,可以定性地说"这个研究项目对测量准确度要求很高""测量准确度应满足使用要求,或某技术规范、标准的要求"等。换言之,可以说准确度高低、准确度为 0.25 级、准确度为 3 等或准确度符合××标准,而不要说准确度为 0.25%、16mg、≤16mg 或 ±16mg。也就是说,准确度不宜直接与数字相连。若需要用数字表示,则可用不确定度。例如,可以说"测量结果的扩展不确定度为 2μm",而不宜说"准确度为 2μm"。

测量仪器准确度是表征测量仪器品质和特性的最主要的指标,因为任何测量仪器的目的都是得到准确可靠的测量结果,即要求示值更接近于真值。为此虽然测量仪器准确度是一种定性的概念,但从实际应用上人们需要以定量的概念来进行表述,以确定其测量仪器的示值接近于其真值能力的大小。在实际应用中这一表述是用其他的术语来定义的,如准确度等级、测量仪器的示值误差、测量仪器的最大允许误差或测量仪器的引用误差等。准确度等级是指"符合一定的计量要求,使误差保持在规定极限以内的测量仪器的等别、级别",即按测量仪器准确度高低而划分的等别或级别,如电工测量指示仪表按仪表准确度等级分类可分为 0.1、0.2、0.5、1.0、1.5、2.5、5.0 等七级,具体说就是该测量仪器满量程的引用误差,如 1.0 级指示仪表,则其满量程误差为 ±1.0% FS。如百分表准确度等级分为 0、1、2 级,则主要是以示值最大允许误差来确定。如准确度代号为 B 级的称重传感器,当载荷 m 处于 $0 \leqslant m \leqslant 5000v$ 时(v 为传感器的检定分度值),则其最大允许误差为 $0.35v$。

(三)测量结果的重复性

测量结果的重复性(测量的重复性)是指在相同测量方法、相同观测者、相同测量仪器、相同场所、相同工作条件和短时期内,对同一被测量对象连续测量所得结果之间的一致程度。

测量结果的重复性可以用测量结果的分散性来定量表示。由重复性引入的不确定度是诸多不确定度来源之一。重复性用在重复性条件下,重复观测结果的实验标准差(称为重复性标准差)定量地给出。重复观测中的变动性是由于所有影响结果的影响量不能完全保持恒定而引起的。

(四)测量结果的复现性

测量结果的复现性是指在改变了的测量条件下,同一被测量的测量结果之间的一致性。变化了的测量条件可以包括测量原理、测量方法、观测者、测量仪器、参考测量标准、地点、使用条件、时间。这些条件可以改变其中一项、多项或者全部,它们会影响复现性的数值。需要指出的是,在给出复现性时,应有效说明改变条件的详细情况;复现性可用测量结果的分散性定量地表示;测量结果在这里通常理解为已修正结果。

(五)测量不确定度

测量不确定度指表征合理赋予被测量的值的分散性与测量结果相联系的参数。在测量结果的完整表述中,应包括测量不确定度。

不确定度可以是标准差或其倍数,或是说明了置信水准的区间的半宽。以标准差表示的不确定度称为标准不确定度,以 u 表示。以标准差的倍数表示的不确定度称为扩展不确定度,以 U 表示。扩展不确定度表明了具有较大置信概率的区间的半宽度。不确定度通常由多个分量组成,对每一个分量均要评定其标准不确定度。

通常测量结果的好坏用测量误差来衡量,但是测量误差只能表现测量的短期质量。测量过程是否持续受控,测量结果是否能保持稳定一致,测量能力是否符合生产盈利的要求,就需要用测量不确定度来衡量。测量不确定度越大,表示测量能力越差;反之,表示测量能力越强。不过,不管测量不确定度多小,测量不确定度范围必须包括真值(一般用约定真值代替),否则表示测量过程已经失效。

二、数字修约原则及近似数运算

在计量工作中,为了满足测量、计算的目的和要求,保证测量数值的准确性,需要对计量测得的数值进行合理有效的修约。

(一)数字修约原则

数字修约指的是在进行具体数值运算前,通过省略原数值的最后若干位数字,调整保留的末位数字,使最后所得到的值最接近原数值的过程。经数值修约后的数值称为(原数值的)修约值。

数字修约时要遵循一定的原则,GB/T 8170—2008《数值修约规则与极限数值的表示和判定》中规定的修约原则:五下舍去五上入,单进双弃系整五,即当拟舍去数字最左一位小于 5 时则舍去,保留其余数字不变;拟舍去数字最左一位大于 5 时则进一,即保留数字的末位数字加1;拟舍去数字最左一位为5时,其后有非0数字时进一,即保留数字的末位数字加1;拟舍去数字最左一位为5,其后没有数字或者数字均为0时,其所保留的末位数字为奇数时则进一,为偶数时则舍去,即:

(1)拟舍弃数字的最左一位数字小于5,则舍去,保留其余各位数字不变。例如,将11.3789修约到个位数,得11;将11.3789修约到一位小数,得11.4。

(2)拟舍弃数字的最左一位数字大于5,则进一,即保留数字的末位数字加1。例如,将11.3789修约到两位小数,得11.38。

(3)拟舍弃数字的最左一位数字是5,且其后有非0数字时进一,即保留数字的末位数字加1。例如,将11.5589修约到个位数,得12;将11.5589修约到一位小数,得11.6;将11.6501修约到一位小数,得11.7。

(4)拟舍弃数字的最左一位数字是5,且其后无数字或均为0时,若所保留的末位数字为奇数(1、3、5、7、9)则进一;若所保留的末位数字为偶数(0、2、4、6、8)则舍去。例如,将1.650修约到一位小数,得1.6;将1.350修约到一位小数,得1.4;将1500修约到千位数,得2000。

(二)近似数运算

在实际工作中常需要涉及大量原始数据,最终结果需要对这些数据进行一系列复杂计算之后才能得到。所以,应当正确处理有效数字,才能得到合理的测量结果。

1.有效数字

在一个近似数中,从左边第一个不是零的数字起,到末位为止,所有的数字都是有效数字。

在计量工作中,实际能够测量到的数字都是有效数字,它由可靠数字和可疑数字组成。可靠数字是指直接获得的准确数字,可疑数字是指估读的那部分数字。

对测量数据的表达,要求其最小位应与所保留的位数相对齐并截断,不能简单认为取的位数越多越准确,而必须与误差相适应。如成品油计量中,散装成品油质量计算时的数据处理一般规定:

(1)若油品质量单位为吨(t)时,则有效数字应保留至小数点后第三位;若油品质量单位为千克(kg)时,则有效数字仅为整数。

(2)若油品体积单位为立方米(m³)时,则有效数字应保留至小数点后第三位;若油品体积单位为升(L)时,则有效数字仅为整数;但燃油加油机计量体积单位为升(L)时,数字应保留至小数点后第二位。

(3)若油温单位为摄氏度(℃)时,则有效数字应保留至小数点后一位,即精确到0.1摄氏度(℃)。

(4)若油品密度单位为g/cm³时,则有效数字应保留至小数点后第四位;若油品密度单位为kg/m³时,则有效数字应保留至小数点后一位。

2.近似数加减法

几个数相加减时,和或差中小数点后的位数,应与各加减数中小数点后位数最少者相同。

(1)确定结果精确到哪一个数位(与已知数中精确度最低的那个数的有效数位相同);

(2)把已知数中的其他数修约到已知数中精确度最低的那个数数位的下一位;

(3)进行计算,并且对算得的数的末尾数字进行修约。

例:(1)先计算后保留:50.1 + 1.45 + 0.5812 = 52.1312 ≈ 52.1;

（2）先保留后计算：$50.1 + 1.45 + 0.5812 \approx 50.1 + 1.4 + 0.6 = 52.1$。

3. 近似数乘除法

几个数相乘除时,积或商的有效位数应与各数值中有效数字位数最少者相同,与小数点位置无关。

例：（1）先计算后保留：$0.0121 \times 25.64 \times 1.05782 = 0.32818230808 \approx 0.328$；

（2）先保留后计算：$0.0121 \times 25.64 \times 1.05782 = 0.0121 \times 25.6 \times 1.06 = 0.3283456 \approx 0.328$。

思考题

1. 什么是误差? 什么是修正值? 二者有什么区别?

2. 误差的来源有哪些?

3. 什么是随机误差和系统误差?

4. 什么是绝对误差和相对误差?

5. 消除和减少误差的方法有哪些?

6. 数值修约的原则是什么?

7. 数值修约有哪些注意事项?

第三章　油品静态计量

油品静态计量是指通过容器或衡器测量石油或石油产品数量(体积或质量)的过程,其特点是被测液体为静止的,测量过程不是连续的。

散装油品的计量方式主要有三种:体积—质量法,即利用金属罐、汽车、铁路槽车、船舱等设施的容积和石油产品液体的密度换算成质量的方法;衡量法,即利用衡器称量石油液体产品质量的方法;容积法,即利用固定的中小金属容积计量石油液体体积的方法。

本章主要介绍油品基础知识及油品静态计量的主要方法。

第一节　油品基础知识

一、石油的一般性状及组成

石油是从地下深处开采出来的流动或半流动状态的油状黏稠液体。未加工的石油通常称为原油。原油经过加工以后得到的石油产品,简称油品,其性质由于化学组成不同存在着明显的差异。

(一)石油的一般性状

石油的一般性状通常可以从色、形、味等几个方面加以区别。

1. 色

大多数石油的颜色是黑色的,但也有暗黑、暗绿、暗褐,甚至呈赤褐、浅黄色乃至无色的。石油的颜色与石油组分的轻重及含有的胶质、沥青质数量的多少有密切关系。胶质、沥青质含量越高,石油的颜色越深,所以石油的颜色通常反映了石油中重组分含量的多少。

2. 形

石油通常是流动或半流动状的黏稠液体,其相对密度一般介于 0.75 ~ 0.95 之间,但也有极少数石油相对密度大于 0.95 或低于 0.75。石油密度的大小与石油的化学组成、所含杂质的数量有关。胶质、沥青质含量越高,其密度越大。轻组分含量越高,其密度越小。不同地区、不同地层所产石油的密度存在着差异。

石油的黏度变化也较大,常规石油的黏度一般小于100mPa·s,黏度为100~10000mPa·s的石油称为稠油,黏度为(10~50)×10³mPa·s的石油称为特稠油,黏度超过50000mPa·s的石油称为超稠油。石油的黏度与其化学组成有密切关系,一般含烷烃多、颜色浅、密度小的石油黏度较小,反之黏度就大。

石油的凝点一般为 -50~35℃,但也有凝点高于35℃的石油。通常把凝点高于40℃的石油称为高凝油。凝点的高低与石油中的组分含量有关,轻组分含量高,凝点低;重组分含量高,尤其是石蜡含量高,凝点则高。

3.味

一般大多数石油具有浓烈的特殊气味,这是由石油中所含的不同挥发性组分引起的。芳香族组分含量高的石油具有一种醚臭味,含硫化物较高的石油则散发着强烈的刺鼻气味。

此外,石油还具有荧光性、旋光性、难溶于水等性质。

(二)石油的组成

1.石油的元素组成

世界上的石油性质千差万别,但其元素组成是一致的,基本上是由碳(C)、氢(H)、氧(O)、氮(N)、硫(S)五种元素组成。其中,碳含量一般为84%~87%,氢含量一般为11%~14%,硫含量一般为0.05%~8%,氮含量一般为0.02%~2%,氧含量一般为0.05%~2%。其中氢/碳原子比(简称氢碳比)是研究石油的化学组成与结构、评价石油加工过程的重要参数。烷烃的氢碳比最大,环烷烃的氢碳比次之,芳香烃的氢碳比最低。同一族烃类中,随相对分子质量增大,氢碳比下降。在原油加工转化为产物的过程中,总的碳含量和氢含量是维持不变的。

除上述五种元素之外,石油中还含有微量的金属元素,石油中所含的微量元素与石油中碳、氢、氧、氮、硫这五种元素相比,其含量要少得多,一般都处在百万分级至十亿分级范围,其中有些元素对石油的加工过程,特别是对所用催化剂的活性有很大影响。

研究资料表明,石油中有几十种微量元素存在,目前为止已从石油中检测到59种微量元素,其中金属元素45种。含量较多的金属元素为镍、钒、铁、铜等。

2.石油的烃类组成

石油中的烃类化合物主要是由碳(C)和氢(H)两种元素组成的,按其结构不同,大体上可分为烷烃、环烷烃和芳香烃三类。

(1)烷烃:又称脂肪烃,通式为 C_nH_{2n+2},是开链的饱和烃,分为正构体和异构体两类。以直链相连接的烷烃是正构烷烃,带有支链的烷烃为异构烷烃。常温常压下,C_1~C_4即甲烷到丁烷是气态,C_5~C_{16}即戊烷到十六烷是液态,C_{17+}即十七烷以上是固态。

常温下,烷烃的化学稳定性好,仅次于芳香烃,在一定的高温条件下,则易分解成醇、醛、醚等一系列氧化物。此外,烷烃的密度最小,黏温性能最好。

(2)环烷烃:是氢碳比为2的化合物,也属于饱和烃,通式为 C_nH_{2n},根据环的数目不同分为单环、双环、三环和多环环烷烃,其中以五元环、六元环化合物为主。

环烷烃的化学稳定性良好,与烷烃近似,但不如芳香烃,其密度较大,黏温性能也较差。

(3)芳香烃:含有苯环结构的烃类化合物,通式为 C_nH_{2n-6}。单环化合物中以苯、甲苯、二甲苯为主,出现于原油的低沸点馏分中,稠环芳香烃多存在于重质馏分中。

芳香烃的化学稳定性良好,其密度最大,自燃点高,此外它对有机物的溶解力强,毒性较大。

二、石油产品的常用理化指标

(一)密度

密度是指单位体积的物质在真空中的质量,即 $\rho = \dfrac{m}{V}$,常用的单位为 g/cm³,kg/m³等。

由于油品的体积随着温度的升高而膨胀,故而密度会随之变小,所以,密度必须标明温度。我国规定 20℃、101.325kPa 下的密度为石油产品的标准密度,用 ρ_{20} 表示。国际上也有将在 60℉、101.325kPa 下的密度规定为标准密度,用 $\rho_{15.6}$ 表示。如果是在其他温度下测得的密度称为视密度,用 ρ_t 表示。

(二)相对密度

相对密度是指在一定条件下,油品的密度与规定温度下水的密度之比。

我国和苏联常把 t℃时油品的密度和 4℃时纯水的密度之比,称为油品的相对密度,用 d_4^t 表示;20℃时油品的密度和 4℃时纯水的密度之比表示为 d_4^{20}。

欧美各国常把 15.6℃(60℉)时油品的密度和相同温度下纯水的密度之比,称为油品的相对密度,用 $d_{15.6}^{15.6}$ 表示,也常用 API 度表示,单位为°API。当 $d_{15.6}^{15.6} < 1$ 时,API 度与 $d_{15.6}^{15.6}$ 之间的关系可用式(3-1)表示:

$$\text{API 度} = \frac{141.5}{d_{15.6}^{15.6}} - 131.5 \qquad (3-1)$$

可以看出,随着相对密度增大,API 度的数值下降。原油和几种石油产品的相对密度和API 度范围见表 3-1。

表 3-1 原油和几种石油产品的相对密度和 API 度范围

油 品	相对密度 $d_{15.6}^{15.6}$	API 度
原油	0.65 ~ 1.06	86 ~ 2
汽油	0.70 ~ 0.77	70 ~ 52
煤油	0.75 ~ 0.83	57 ~ 39
柴油	0.82 ~ 0.87	41 ~ 31
润滑油	> 0.85	< 35

(三)黏度

黏度是评定油品流动性的指标,也是喷气燃料、柴油、重油和润滑油等油品的重要质量指标。牛顿指出,当流体内部各层之间因受外力而产生相对运动时,相邻两层流体交界面上存在着内摩擦力,流动分子的内摩擦使流体带有一定的黏滞性,从而产生流体抵抗剪切作用的能力。黏度就是用来表示流体流动时分子间摩擦产生阻力大小的。

黏度的表示方法很多,各国有所不同,一般有以下五种:

(1)动力黏度——表示液体在一定剪切应力下流动时内摩擦力的量度,其值为加于流动液体的剪切应力和剪切速率之比。在我国法定计量单位中以帕·秒($Pa \cdot s$)为单位。习惯用厘泊(cP)为单位,$1cP = 10^{-3} Pa \cdot s$。

(2)运动黏度——表示液体在重力作用下流动时内摩擦力的量度,其值为相同温度下液体的动力黏度与其密度之比。在我国法定计量单位中以 m^2/s 为单位。习惯用斯、厘斯(cSt)为单位,$1cSt = 1mm^2/s$。

(3)恩氏黏度——在规定条件下,一定体积的试样从恩格勒黏度计的小孔流出 200mL 试样所需要的时间(s)与该黏度计 20℃流出 200mL 水所需要的时间(s)之比,又称恩氏度,符号为°E。

(4)赛氏黏度——又称赛波特(sagbolt)黏度,在规定条件下,一定体积的试样从赛波特黏度计流出所需要的时间,以 s 为单位。赛氏黏度分为赛氏通用黏度(以 SUS 表示)和赛氏重油黏度(以 SFS 表示)。

(5)雷氏黏度——在规定条件下,一定体积的试样从雷德乌德(Redwood)黏度计流出 50mL 试样所需要量的时间,以 s 为单位。

以上黏度中,恩氏黏度、赛氏黏度和雷氏黏度都是用特定的仪器,在规定条件下测定的,所以也称为条件黏度。

(四)馏程

石油是混合物,与纯化合物不同,它没有恒定的沸点。在一定外压下加热石油使其汽化时,其残液的蒸气压随汽化率增加而不断下降,所以其沸点表现为一定宽度的温度范围,这一温度范围称为馏程(或沸程)。

同一油品的馏程因测定仪器和测试方法不同,其馏程数据也有差别。在生产控制和工艺计算中使用的是最简便的恩氏蒸馏设备。

在油品的质量标准中,也大都采用条件性的馏程测定法,即恩氏蒸馏。测定时,将 100mL 油品放入标准的蒸馏瓶中,按规定条件加热,流出第一滴冷凝液时的气相温度称为初馏点,馏出物为 10%、20%、……、90%时的气相温度分别称为 10%、20%、……、90%馏出温度,蒸馏到最后所能达到的最高气相温度称为终馏点或干点。从初馏点到干点(终馏点)的温度范围就称为馏程。

(五)浊点

在规定条件下给油品降温,当液体油品出现雾状或浑浊时的最高温度称为浊点,以℃表示。

(六)倾点

倾点是指油品能从规定仪器中能流出的最低温度,也称为流动极限,它比凝点能更好地反映油品的低温性能。原油和油品的倾点与其化学组成有关,油品的沸点越高,倾点越高。

(七)凝点

对于石油及其产品,没有固定的"冰点",也就没有固定的"凝点"。所谓油品的"凝点",是指在严格的仪器、操作条件下测得油品刚失去流动时的最高温度,以℃表示。而所谓失去流动性,也完全是条件性的。

(八)闪点

在规定的条件下,加热油品所逸出的蒸气和空气组成的混合物与火焰接触发生瞬间闪火时的最低温度称为闪点,以℃表示。

(九)饱和蒸气压

在规定的条件下,油品在适当的温度下,气液两相达到平衡状态时,液面蒸气所产生的压力称为饱和蒸气压,简称为蒸气压。

蒸气压的高低表明了液体汽化或蒸发的能力,蒸气压越高,就说明液体越容易汽化。

(十)实际胶质

实际胶质是指在150℃温度下,用热空气吹过汽油表面使它蒸发至干,所留下的棕色或黄色的残余物。实际胶质是以100mL试油中所得残余物的质量(mg)来表示的。它一般是用来说明汽油在进气管道及进气阀上可能生成沉积物的倾向。

(十一)辛烷值

辛烷值(octane number,简称ON)用来表示汽油的抗爆性,汽油的抗爆性是指汽油在汽油机内燃烧时不产生爆震的能力。爆震(也称敲缸)是汽油在发动机中一种不正常燃烧现象,发生爆震时会出现机身强烈震动的情况,并发出金属敲击声,同时,发动机功率下降,排气管冒黑烟,严重时导致机件的损坏。

辛烷值是在标准的试验用可变压缩比单缸汽油发动机中,将待测试样与标准燃料试样进行对比试验而测得。所用的标准燃料是异辛烷(2,2,4 - 三甲基戊烷)、正庚烷及其混合物。人为地规定抗爆性极好的异辛烷的辛烷值为100,抗爆性极差的正庚烷的辛烷值为0。两者的混合物则以其中异辛烷的体积分数值为其辛烷值。例如,体积分数为80%异辛烷和体积分数为20%正庚烷的混合物的辛烷值即为80。

在测定汽油辛烷值时,是将待测汽油试样与一系列辛烷值不同的标准燃料在标准的试验用单缸汽油发动机上进行比较,与所测汽油爆震强度相等的标准燃料的辛烷值也就是所测汽油的辛烷值。

车用汽油辛烷值的测定方法主要有两种,即马达法与研究法,所测得辛烷值的英文略语相应为 MON(motor octane number)及 RON(research octane number)。

马达法辛烷值是在苛刻试验条件下所测得的辛烷值。例如,发动机转速较高,混合气温度较高,点火提前角较大等。马达法的试验工况规定为:转速900r/min,冷却水温度100℃,混合气温度150℃。

研究法辛烷值是在缓和条件下所测得的辛烷值。例如,发动机转速较低,对混合气温度不限制,点火提前角较小等。研究法的试验工况规定为:转速600r/min,冷却水温度100℃,混合气温度不控制。

(十二)十六烷值

十六烷值表示柴油的抗爆性。与汽油的辛烷值相似,柴油的十六烷值也是在标准的试验用单缸柴油机中测定的。

所用的标准燃料是正十六烷和α-甲基萘(或七甲基壬烷)。正十六烷具有很短的发火延迟期,自燃性能很好,因而规定其十六烷值为100。而α-甲基萘的发火延迟期很长,自燃性能很差,规定其十六烷值为0(七甲基壬烷的十六烷值为15)。将这两种化合物按不同比例掺和,即可配成0~100之间各号的标准燃料。把所测燃料与标准燃料进行对比,与其发火性能相同的标准燃料的十六烷值即为所测燃料的十六烷值。

我国石油产品标准中规定轻柴油的十六烷值一般不低于45,对于由中间基原油生产或混有催化裂化组分的轻柴油则其十六烷值允许不低于40。

(十三)诱导期

在规定的加速氧化条件下,油品处于稳定状态所经历的时间称为诱导期,以分钟表示。我国车用汽油的诱导期要求不小于480min。诱导期较长的汽油在储存中胶质增长速度较慢,比较适宜于长期储存。

三、石油产品分类及质量要求

(一)石油产品分类

石油产品一般并不包括以石油为原料合成的各种石油化工产品。目前的石油产品约有800余种,且用途各异。

根据GB/T 498—2014《石油产品及润滑剂 分类方法和类别的确定》,将石油产品的分为五大类,见表3-2。

表3-2 石油产品的总分类

类别	F	S	L	B	W
类别含义	燃料	溶剂和化工原料	润滑剂	石油沥青	石油蜡

注:原来的第六类石油焦(C)归入到燃料类中。

1.燃料

燃料包括汽油、柴油及喷气燃料(航空煤油)等发动机燃料以及灯用煤油、燃料油等。我国石油产品中燃料约占85%以上,而其中约60%为各种发动机燃料。

GB/T 12692.1—2010《石油产品 燃料(F类)分类 第1部分:总则》规定石油燃料根据燃料类型分为五组,包括气体燃料、液化气燃料、馏分燃料、残渣燃料和石油焦,见表3-3。

表3-3 石油燃料的分类

组别字母	燃料类型
G	气体燃料:主要由甲烷或乙烷,或它们混合组成的石油气体燃料
L	液化气燃料:主要由丙烷—丙烯,或者丁烷—丁烯,或者丙烷—丙烯和丁烷—丁烯混合组成的石油液化气燃料
D	馏分燃料:除液化石油气以外的石油馏分燃料,包括汽油、煤油和柴油;重质馏分油可含少量蒸馏残油
R	残渣燃料:主要由蒸馏残油组成的石油燃料
C	石油焦:由原油或原料深度加工所得,主要由碳组成,来源于石油的固体燃料

2.润滑剂

润滑剂包括润滑油和润滑脂,主要用于降低机件之间的摩擦和防止磨损,以减少能耗和延长机械寿命,其产量不多,仅占石油产品总量的2%左右,但品种达数百种之多。

根据 GB/T 7631.1—2008《润滑剂、工业用油和相关产品(L 类)的分类 第 1 部分:总分组》将润滑剂分为 18 组,见表 3 - 4。

表 3 - 4 润滑剂、工业用油和相关产品(L 类)的分类

组 别	应 用 场 合	组 别	应 用 场 合
A	全损耗系统	N	电器绝缘
B	脱模	P	风动工具
C	齿轮	Q	热传导
D	压缩机(包括冷冻机和真空泵)	R	暂时保护防腐蚀
E	内燃机	T	汽轮机
F	主轴、轴承和离合器	U	热处理
G	导轨	X	用润滑脂的场合
H	液压系统	Y	其他应用场合
M	金属加工	Z	蒸汽气缸

3. 石油沥青

石油沥青用于道路、建筑及防水等方面,其产量约占石油产品总量的 3%。

4. 石油蜡

石油蜡属于石油中的固态烃类,是轻工、化工和食品等工业部门的原料,其产量约占石油产品总量的 1%。

5. 溶剂和化工原料

约有 10% 的石油产品用作石油化工原料和溶剂,其中包括制取乙烯的原料(轻油),以及石油芳香烃和各种溶剂油。

(二)石油产品质量要求

1. 汽油

汽油是可用作点燃式发动机燃料的石油轻质馏分,其使用要求主要有:
(1)在所有工况下,具有足够的挥发性以形成可燃混合气;
(2)燃烧平稳,不产生爆震燃烧现象;
(3)储存安定性好,生成胶质的倾向小;
(4)对发动机没有腐蚀作用;
(5)排出的污染物少。

2. 柴油

柴油是可用作压燃式发动机燃料的石油轻质馏分,其使用要求主要有:
(1)具有良好的雾化性能、蒸发性能和燃烧性能;
(2)具有良好的燃料供给性能;
(3)对机件没有腐蚀和磨损作用;
(4)良好的储存安定性和热安定性。

3. 煤油

煤油主要用于点灯照明,也可作为煤油炉、工业喷灯、鱼雷的燃料,以及医药、机械工业、油漆工业和农药等方面的溶剂油,其主要性能要求有:

(1)点燃时灯焰要有足够亮度,点燃过程中亮度应平稳,下降幅度小;

(2)灯焰稳定,不冒或少冒黑烟,适用于有罩或无罩的油灯;

(3)点灯时,无臭味,对人体和家畜没有不良影响;

(4)灯芯吸油通畅,不结灯花,耗油率低;

(5)使用安全,着火危险性小。

4. 润滑油

由于各种机械的使用条件相差很大,它们对所需润滑油的要求也不一样,因此,润滑油按其使用场合和条件的不同,分为很多种类。根据其性能、用途的不同对其质量要求也不同,但共同的要求是:

(1)适宜的黏度和良好的黏温性能;

(2)良好的抗氧化稳定性和热稳定性;

(3)适宜的闪点和凝点;

(4)较好的防锈和防腐性。

第二节　散装油品的测量方法

本节主要介绍散装油品的人工计量方法。这种方法通常是首先测出油水总高、水高、计量温度,取样测量密度(试验温度)和大气温度,然后根据这些条件并借助容器容积表和 GB/T 1885—1998《石油计量表》计算出该容器内油品的质量。

一、油罐的技术要求

(一)立式钢油罐的技术要求

1. 完好标准

《石油库设备完好标准》中规定油罐的技术要求有以下几条:

(1)地上油罐至库内各建、构筑物的防火距离,油罐与油罐的防火距离及防火堤的设置、油罐基础等符合《石油库设计规范》的要求。

(2)油罐罐壁局部凹凸变形、焊缝质量及罐体集合尺寸等,符合《立式圆柱形钢制焊接油罐施工验收规范》的要求。

(3)使用近20年的油罐几何尺寸不得大于下列数值:

①圈板麻点,深度不超过表3-5规定值。

②罐底板4mm 余厚不小于2.5mm,底板4mm 以上余厚不小于3mm,罐底边缘板减厚最大不允许超过设计厚度的30%。

表 3 – 5 圈板麻点深度极限值

钢板厚度,mm	3	4	5	6	7	8	9	10
麻点深度,mm	1.2	1.5	1.8	2.2	2.5	2.8	3.2	3.5

③底板不得出现 2m² 以上高出 150mm 的凸起;局部凹凸变形不大于变形长度的 2/100 或超过 50mm。

④圈板凹凸变形不超过表 3 – 6 规定值。

表 3 – 6 圈板凹凸变形极限值

测量距离,mm	1500	3000	5000
偏差值,mm	20	35	40

⑤圈板折皱高度不超过表 3 – 7 规定值。

表 3 – 7 圈板折皱高度极限值

圈板厚度,mm	4	5	6	7	8
折皱高度,mm	30	40	50	60	80

⑥罐体倾斜度不超过设计高度的 1%（最大限度不超过 90mm）。

(4)罐体漆层完好,不露本体,面漆无老化现象,严重变色、起皮、脱落面积不大于 1/6,底漆无大面积外露;油罐涂以规定的颜色:轻油罐为银白色、黏油罐、重油罐为深灰色。

(5)油罐呼吸阀盘为铜质或铝质材料,质量符合设计要求,垂直安装,密封性良好,阻火器有效,防水波形散热片清洁畅通,无冰冻,垫片严密,呼吸口径符合流量要求。

(6)量油孔、人孔、透光孔、排污阀齐全有效,通风管、加热盘管不堵不漏;升降管灵活,排污阀有效;扶梯牢固,罐顶有踏步。

(7)油罐液位下与油罐连接的各种管线的第一道阀门必须采用钢阀。阀门、人孔无渗漏,各部位螺栓齐全、紧固。

(8)浮顶油罐皮膜及连接螺栓、配件无腐蚀、损坏、开裂、剥离现象,皮膜装置无紧张情况。浮顶中央凹陷处,夹层中无漏油,固定零件不与圈板摩擦。

(9)浮盘密封圈的密封度大于 90%,浮盘升降灵活。

(10)油罐配件材质、图纸、附属设备出厂合格证明书、焊缝探伤报告、严密性及强度试验报告、基础沉陷观测记录、设备卡片、检修及验收记录、储罐容量表等技术资料齐全准确。

2. 大修的条件及大修项目

凡属于表 3 – 8 所列内容之一的油罐均列为油罐大修项目。

表 3 – 8 立式钢油罐大修项目及标志表

油罐大修项目	主 要 标 志
更换油罐内外所有垫片	油罐人孔、进出油管、排污阀等处垫片老化,发现两处以上经紧固螺栓无效的(凡油罐大修时,均应检查更换全部垫片)
油罐表面保温、防腐、涂漆	油罐表面保温层或漆层起皮脱落达 1/4 以上
罐体、罐顶或罐底腐蚀严重超过允许范围需要动火修理或换底	罐体圈板纵横焊缝,尤其是底圈板的角焊缝,发现连续针眼渗油或裂纹时,应立即腾空修理,不得储油; 圈板麻点深度超过表 3 – 5 的规定值; 钢板表面伤痕深度不应大于 1mm; 罐底板 4mm 的余厚小于 2.5mm,底板 4mm 以上余厚小于 3mm; 底板出现 2m² 以上高出 150mm 的凸起或隆起部

油罐大修项目	主　要　标　志
油罐圈板凹陷、鼓泡、折皱超过规定值时修理	凹陷、鼓泡超过表3－6所规定的允许值； 折皱超过表3－7的规定值
油罐基础下沉、倾斜修理	罐底板的局部凹凸变形,大于变形长度为2/100或超过50mm； 罐体倾斜度超过设计高度的1%
结构和部件损坏或有严重缺陷,必须进入罐内修理	桁架油罐内部各构件扭曲、构架间或构架与罐壁间的焊缝开裂； 浮顶油罐的皮膜及连续架柱等开裂、损坏等； 浮盘渗漏油,或其固定零件与罐壁摩擦排污管堵塞

注:凡需人员进罐修理或须动火作业修理的项目,一般应按大修项目对待;本表摘自中国石化总公司1988年《石油库设备检修规程》。

3.报废条件

凡达到下列条件之一的油罐,均可申报报废:

(1)罐体1/3以上的钢板出现严重的点腐蚀,点腐蚀深度超过表3－5的规定值。

(2)大修费用为设备原值的50%以上。

(3)由于事故或自然灾害受到损坏无修复价值者。

(4)铆钉罐发生严重渗漏者。

(5)无力矩罐顶开裂无法恢复其几何状态,或中心桩严重倾斜者。

(二)卧式钢油罐的技术要求

1.完好标准

1)罐体完好

(1)罐体无严重变形,钢板腐蚀在允许范围内。腐蚀深度不超过钢板厚度的35%,锈蚀麻点平面面积不大于罐体面积的1/2。

(2)罐体承受压力达到铭牌值要求,无渗漏。

(3)基础牢固,无不均匀下沉,周围排水畅通。

2)附件完好

(1)油罐进出油管、排污放水管、人孔、阀门、油位计、测量孔等附件齐全,安装位置准确,技术性能符合各项指标要求。油罐加温装置,汽、水畅通,不渗漏、无严重锈蚀。

(2)各部螺栓及螺母齐整、紧固、满扣。

(3)防静电接地良好,连接紧固,接地极接地电阻不超过100Ω(如考虑防雷,接地电阻不超过10Ω)。

3)外观整洁

(1)罐体内外壁及附件无锈蚀,防腐层完好,油漆无脱落。

(2)油罐编号统一,标志清楚,字体正规。

4)资料齐全

(1)有设备履历卡。

（2）有检查、维修、试压、洗罐记录，刷漆登记，容积表，字迹端正、清晰、准确。

2. 大修的条件及大修项目

凡属于表3-9所列内容之一的油罐均列为油罐大修项目。

表3-9　卧式钢油罐大修项目及标志表

油罐大修项目	主　要　标　志
垫片和螺栓的修理	油罐人孔、进出油管、排污阀等处垫片老化，发现两处以上经紧固螺栓无效的(凡油罐大修时，均应检查更换全部垫片)
油罐表面保温、防腐、涂漆	油罐表面保温层或漆层起皮脱落达1/4以上
罐顶腐蚀严重超过允许范围需动火修理	罐体焊缝，尤其是罐身下部焊缝，发现连续针眼渗油或裂纹时，应立即腾空修理，不得储油； 圈板麻点深度超过表3-5的规定值； 罐底板4mm的余厚小于2.5mm，底板4mm以上余厚小于3mm
油罐圈板凹陷、鼓泡、折皱超过规定值时修理	凹陷、鼓泡超过表3-6所规定的允许值； 折皱超过表3-7的规定值
油罐基础下沉、倾斜修理	罐底板的局部凹凸变形，大于变形长度为2/100或超过50mm； 油罐前部高、后部低，坡度大于1%
结构和部件损坏或有严重缺陷，必须进入罐内修理	排污管堵塞，加强环严重腐蚀

3. 报废条件

可参考立式钢油罐的报废条件酌情处理。

二、油品液面高度的计量

油品液面高度的测量有人工计量和自动计量两类方法。人工计量也称人工检尺，它使用量油尺进行测量；自动计量主要是利用称重式计量仪、浮子式液面计、间断式液面计、静压式液面计以及自动跟踪式液面计等仪器进行测量。

在此只介绍人工计量方法。散装成品油静态人工计量参数包括：罐内油水总高度、水位高度、计量温度、油品视密度、实验温度等。

(一)相关术语

(1)检尺口(又称计量口)：容器顶部的一个口，用于人工测量液位、液温和采样的地方。

(2)参照点：在检尺口上的一个固定的点或标记，即从该点起进行计量。

(3)检尺点(基准点)：在容器底部量油尺测量液位时，量油尺尺砣接触的点称为检尺点。

(4)油高：从油品的液面到检尺点的距离。

(5)水高：从油、水界面到检尺点的距离。

(6)空距(空高)：从参照点到容器内液面的距离。

(7)修正值：为消除或减少系统误差，用代数法加到未修正测量结果上的值。

(8)参照高度：从参照点到基准点的距离。

(9)检实尺：用量油尺直接测量容器内液面至检尺点的距离的过程。

(10)检空尺:测量参照点至罐内液高(空距)的过程。

(11)试油膏:一种膏状物质,测量容器内油品液面高度时,将其涂在量油尺上,可清晰地显示出油品液面在量油尺上的位置。

(12)试水膏:一种遇水变色而与油不起反应的膏状物质,测量容器底部明水高度时,涂在水尺上,浸水部分会发生颜色变化,可显示出容器底部明水在水尺上的位置。

(二)油高测量

所有测量操作应符合 GB/T 13894—1992《石油和液体石油产品液位测量法(手工法)》的规定。

1.操作前的准备

(1)上罐操作前,首先检查计量器具及试剂是否合格且携带齐全。

(2)了解被测量的储油容器及相连管线的储油工艺情况及液面稳定时间。

(3)油品交接计量前,应先排放罐底游离水。

2.操作方法和要求

(1)对于轻油(汽油、煤油、柴油和轻质润滑油)应检实尺。检尺操作时,人站在上风头,一手握尺小心地沿着计量口的下尺槽下尺。尺砣不要摆动,另一手拇指和食指轻轻地固定下尺位置,使尺带下伸,尺砣将接触液面时应缓慢放尺,以免破坏油面平稳。当下尺深度接近参照高度时,用摇柄卡住尺带,手腕缓缓下移,手感尺砣触底后核对下尺深度(下尺深度应等于参照高度),以确认尺砣触底。对于轻油可立即提尺读数,对于黏油稍停留数秒后提尺读数。读数时可摆动尺带,借助光线折射读取油痕的毫米数,再读大数。轻油易挥发,读数应迅速。若尺带油痕不明显,可在油痕附近的尺带上涂抹试油膏。连续测量 2 次,读数误差不大于 1mm,取小的读数,超过时应重新检尺。

(2)对于原油、重质燃料油、重质润滑油应检空尺。待油面稳定后,站在容器顶部计量口的上风头,一手握尺,小心地沿参照点的下尺位置下尺。下尺时尺砣不要摆动,尺砣接近油面时应缓慢以防静止的油面被破坏。当尺砣和部分尺带进入油层后,卡住尺带,用另一手指压住尺带,对准计量口的参照点停留 1min 后,读取与参照点相重合的尺带刻线示值 L。L 值最好是整数,否则可将尺带继续下伸,使 L 值的刻线读数是厘米以上的整数。提尺后读取尺带的浸油深度 L_1,$L - L_1$ 即为空间高度(空距)。容器的总高减去空间高度,即为容器内油面的高度,表达式如下:

$$H_1 = H - (L - L_1) \qquad\qquad (3 - 2)$$

式中 H_1——油面高度,m;

H——容器参照高度,m;

L——尺带下尺高度示值,m;

L_1——浸油深度,m。

空距应连续测量 2 次,读数误差不得超过 2mm。若 2 次读数不超过 1mm 时,取第一次测量值,若超过 1mm 时,取两个测量值的平均值。

3.其他规定

(1)检尺部位。立式金属罐、卧式金属罐均在罐顶计量口的下尺槽或标记处(参照点)进行检尺。铁路罐车在罐体顶部人孔盖铰链对面处进行检尺。油船舱上有两个以上计量检测口时,应在舱容表规定的计量口进行检尺。

（2）液面稳定时间。收、付油后进行油面高度检尺时必须待液面稳定,泡沫消除后方可进行检尺,其液面稳定时间有如下规定:对于立式金属罐,轻油收油后液面稳定 2h,付油后液面稳定 30min;重质黏油收油后液面稳定 3h,付油后液面稳定 1h。对于卧式金属罐和铁路罐车,轻油液面稳定 15min,重质黏油稳定 30min。

（3）新投用和清刷后的立式油罐应在罐底垫 1m 以上的油后,再进行收、付油品交接计量。

（4）浮顶罐的油品交接计量,应在浮顶起浮后进行量油,以避免收、付油前后浮顶状态发生变化,产生计量误差。

（5）油品交接计量前后,与容器相连的管路工艺状态应保持一致。

（三）容器内底水的测量

将量水尺擦净,在估计水位的高度上,均匀地涂上一层薄薄的试水膏,然后将量水尺在容器计量口的指定下尺槽降落到容器内,直至轻轻地接触罐底。应保持水尺垂直,停留 5~30s 后,将量水尺提起,在试水膏变色处读数,即为容器内底水的高度。

当容器内底水高度超过 300mm 时,可以用量油尺代替量水尺。

三、油品温度的测量

油温操作应符合 GB/T 8927—2008《石油和液体石油产品温度测量法　手工法》的规定。测量容器内油温高后,应立即测量容器内油品的温度。选择一支合格的适合容器内油品温度范围的全浸式水银温度计放入杯盒中,将杯盒放入容器内指定的测温部位。

（一）测温部位

测温部位应根据液面高度确定。表 3-10 列出了各类储油容器内测温位置,可供参考。

表 3-10　各类储油容器内测温位置

油罐类型		测量点	测温装置	测温位置
立式油罐	拱顶油罐	计量口	水银温度计 热电偶温度计	液位 3m 以下:在油高中部测一点; 液位 3~5m:在上液面下 1m,下液面上 1m 测两点; 液位 5m 以上:在上液面下 1m,下液面上 1m 和中部测三点,取三点算术平均值,如果其中一点温度大于三点平均温度,则在上部与中部、下部与中部测点之间增加两点,取五点算术平均值
	内浮顶罐	计量口	水银温度计 热电偶温度计	
卧式油罐		计量口	水银温度计 热电偶温度计	同立式油罐
球形或椭圆球形罐	气体空间可变罐	计量口	水银温度计 热电偶温度计	同立式油罐
		可拆卸的插孔或插座	双金属温度计 水银温度计	插入深度为罐内或液面下至少 1500mm 处
	压力罐	温度计插孔	金属套管温度计 热电偶温度计	同立式油罐

油罐类型	测量点	测温装置	测 温 位 置
球形或椭圆球形罐	可拆卸的插孔或插座	双金属温度计水银温度计	插入深度为罐内或液面下至少1500mm处
球形或椭圆球形罐	压力锁	水银温度计热电偶温度计	同立式油罐
铁路油罐车或汽车油罐车	非压力罐 圆顶室口	水银温度计热电偶温度计	在液高中部测一点
铁路油罐车或汽车油罐车	压力罐 温度计插孔	金属套管温度计热电偶温度计	在液高中部测一点

(二)测温停留时间

将杯盒温度计放入测温部位后最短的浸没时间为:

(1)轻油以及40℃时黏度小于等于20mm²/s的其他油品,最短浸没时间为5min。

(2)原油、润滑油以及40℃时黏度大于20mm²/s,而100℃时黏度小于36mm²/s的其他油品,最短浸没时间为15min。

(3)重质润滑油(气缸油、齿轮油、残渣油以及100℃时黏度大于等于36mm²/s的其他油品)最短浸没时间为30min。

(三)测温操作注意事项

(1)计量温度测量至少距容器壁300mm。

(2)对加热的油罐车,应使油品完全成液体后,切断蒸汽2h后测量油温。

(3)油船油驳的温度测量,2个舱以内逐舱测量;3个以上相同品种的油,至少测量半数以上的油舱温度。若各舱油温与实际测量舱数的平均温度相差1℃以上,应对每个舱进行温度测量。

(4)杯盒温度计的提拉绳应采用不产生火花的材料制成。

(5)采用其他数字温度计测量计量温度或试验温度时,该温度计应符合安全要求,停留时间及准确度与玻璃水银温度计同等。

四、油品取样与密度测量

(一)油品取样

在油品计量中,为了测量油品密度,需在批量的油品中采集有代表性的少量油样,这一过程被称为油品取样或采样。油品计量取样的目的是准确测量油品视密度。油品取样操作应符合 GB/T 4756—2015《石油液体手工取样法》中的规定。

1. 取样前的准备

(1)选择清洁干燥、不渗漏、耐溶剂作用、有足够强度、容量适合的取样器、取样设备和收集器。

(2)收集器可供储存和运送试样,应该有合适的塞子或阀密封试样。

2. 取样部位

为取得代表性试样,应按表 3-11 的规定执行。

表 3-11 取样部位

容器名称	油高	取 样 部 位	取 样 份 数
立式油罐	油高≥3m	上部:油面以下深度的1/6处	3
		中部:油面以下深度的1/2处	按体积1:1:1
		下部:油面以下深度的5/6处	混合成平均试样
	油高<3m	中部:油面以下深度的1/2处	1
卧式油罐及铁路罐车	油高≥3m	上部:油面以下深度的1/6处	3
		中部:油面以下深度的1/2处	按体积1:1:1
		下部:油面以下深度的5/6处	混合成平均试样
	油高<3m	中部:油面以下深度的1/2处	1
汽车油罐车		中部:油面以下深度的1/2处	

在油轮或整列铁路罐车内油品取样时,如果储油是相同油品,取样时取样容器数量可按表 3-12 中的规定进行。除列车首、车尾两车必须采外,中间的车辆可任意确定。

表 3-12 取样容器数

油舱或罐车总数	取 样 车 数
1~3	全部
4~12	4
13~36	6

3. 取样操作方法

(1)取样时,先用待取油品将取样器冲洗一次。

(2)将塞盖仔细严密地盖住取样器,使之在未用手拉开塞盖之前不致自己打开。

(3)拉住绳链和连接塞盖的绳索,将取样器放至指定取样部位,一手提住绳链,一手用短促有力的动作提拉塞盖绳索,将塞盖打开,注意观察有无表明被取油样进入取样器而冒出油面的气泡。

(4)待气泡完全消失后,拉起绳链和绳索将取样器提出罐外倒入规定的容器内。

4. 取样操作注意事项

(1)取样前,应先用待取油样冲洗取样器一次,再按照取样规定部位、比例和上中下的次序取样。

(2)盛装油样容器应有足够容量,一般为 1000mL 玻璃瓶,取样结束时至少有 10% 的无油空间,不能将装满容器的试样再倒出,造成油样无代表性。

(3)安全操作应遵照国家安全规程和石油安全操作规范执行。

(二)油品密度测量

油品密度的测量应符合 GB/T 1884—2000《原油和液体石油产品密度实验室测定法(密度计法)》的规定。

1. 术语

(1) 密度：在一定温度下，单位体积所含物质的质量，用 ρ_t 表示。

(2) 试验温度：在读取密度计读数时的液体试样温度，用 t' 表示，单位为℃。

(3) 视密度：在试验温度下玻璃密度计在液体试样中的读数，用 ρ'_t 表示。

(4) 标准密度：我国规定在20℃下的密度为标准密度，用 ρ_{20} 表示，常用单位为 kg/m^3、g/cm^3。

2. 测定方法

在测定密度时，试验温度应在容器中计量温度 ±3℃ 范围内测定。黏油试样应达到足够的流动性，对原油样品，试验温度应高于倾点9℃以上，或高于浊点3℃以上中较高的一个温度。与此同时，环境温度变化应不大于2℃。

1) 准备工作

(1) 按照国标规定选用 SY-I 型或相当于 SY-I 型精度的石油密度计。

(2) 选好使用分度值为 0.2℃ 或 0.1℃ 经检验合格的全浸水银温度计。

(3) 选用量筒：量筒内径至少要比所用的密度计外径大25mm，高度能使密度计漂浮在试样中，密度计底部与量筒底部的距离大于25mm。

(4) 当试样性质要求在高于室温下测定时，为避免在测定过程中有过大的温度变化，要用恒温浴。

2) 测定方法

(1) 将清洁的量筒、合适的温度计和密度计预备好。

(2) 将调好温度的试样，小心沿筒壁流入量筒中。量筒应保持平稳，放在没有气流的地方。

(3) 将清洁、干燥的密度计小心放入搅拌均匀的试样中，注意液面以上的密度计管浸湿不得超过两个最小分度值。待其稳定后，按弯月面上缘读数。读数时注意密度计不能与量筒壁接触，眼睛要与弯月面上缘平行。

(4) 同时测量试样温度，温度计要保持全浸，温度要准确到 0.2℃。

(5) 将密度计在量筒中轻轻转动一下，再放开，按上述过程再测一次，并立即用温度计小心搅拌试样，读准至 0.2℃。若这个温度读数和前次读数相差 0.5℃，则应重新读取。直到温度差稳定在 0.5℃ 以内。

(6) 记录一次测定温度和视密度的结果，然后查表得试样的20℃密度，两次测定结果不应超过密度计的最小分度值，最后以两个结果的算术平均值作为测定结果。

3. 计算方法

若是已知油品20℃的密度，可用式(3-3)计算其他温度下的密度：

$$\rho_t = \rho_{20} - \gamma(t - 20) \qquad (3-3)$$

式中　ρ_t——油品在 t℃时的密度；

　　　ρ_{20}——油品在20℃时的密度；

　　　γ——石油密度温度系数，可查表得到。

五、油品含水率的测量

在油品计量中,把含水的油量称为毛量,无水的油量称为纯油量。在计算油量时需扣除油中的含水量,尽管原油经过脱水等工艺处理,但在运输过程以及其他工艺过程中,油品的含水率会发生变化,因此在油品交接计量中需重新测定。

(一)原油的水分测定

原油水分测定的操作要符合 GB/T 8929—2006《原油水含量的测定 蒸馏法》中的规定。

1.测定方法

在试样中,用量筒取出规定的试样量(也可以直接在蒸馏烧瓶中称量),加入与水不混溶的溶剂 400mL,在回流的条件下加热蒸馏。冷凝下来的溶剂和水在接收器中连续分离,水沉降到接收器中,溶剂返回到蒸馏烧瓶中,读出接收器中水的体积,即可计算出试样中的含水量。详细操作见 GB/T 8929—2006《原油水含量的测定 蒸馏法》。

2.试剂和仪器

二甲苯:符合 GB/T 16494—2013《化学试剂 二甲苯》化学纯或 GB/T 3407—2010《石油混合二甲苯》的 5℃石油混合二甲苯的要求。把 400mL 溶剂放在蒸馏仪器中进行试验,确定溶剂空白。

仪器及其安装如图 3-1 所示。

3.水含量计算

试样中水分的体积百分含量 X_1 按式(3-4)计算:

$$X_1 = (V_1 - V_2)/V \times 100\% \qquad (3-4)$$

试样中水分的质量百分含量 X_2 按式(3-5)计算:

$$X_2 = (V_1 - V_2)/m \times 100\% \qquad (3-5)$$

式中　V_1——接收器中水的体积,mL;

　　　V_2——溶剂空白试验水的体积,mL;

　　　V——试样的体积,mL;

　　　m——试样的质量,g。

原油水含量取两个连续测定结果的算术平均值,在两次测定中,收集水的体积差值,不能超过接收器的一个刻度。

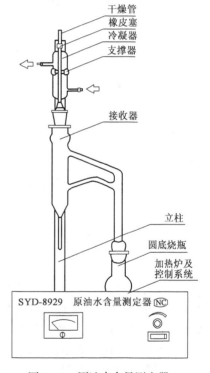

图 3-1　原油水含量测定器

本章所涉及的计量方法(包括计量器具、仪器、配套辅助设备)和现场操作以及计量员的着装等都应遵守有关防火、防爆、防静电的安全规定。

(二)石油产品的水分测定

石油产品的水分测定操作要符合 GB/T 260—2016《石油产品水含量的测定 蒸馏法》中的规定。

测定石油产品的水分,采用水分测定器,将一定量的试样与无水溶剂混合,进行蒸馏水含量测定,用百分数表示。

1. 仪器和材料

水分测定器包括 500mL 的圆底烧瓶一个、接收器和 250～300mm 的直管式冷凝器。水分测定器的各部分连接处,用磨口塞或软木塞连接。接收器的刻度在 0.3mL 以下设有 10 等份的刻度线;0.3～1.0mL 设有 7 等份的刻度线;1.0～10mL 之间每分度为 0.2mL。

试验用的溶剂是工业溶剂油或直馏汽油在 80℃以上的馏分,溶剂在使用前必须脱水和过滤。

2. 测定方法

向圆底烧瓶中称量 100g 摇匀的试样,用量筒取 100mL 溶剂倒入圆底烧瓶中,再投入一些无釉瓷片、浮石或毛细管,将水分测定器按图 3－2 所示安装好,并保持仪器内壁干燥、清洁。

用电炉或酒精灯小火加热圆底烧瓶,控制回流速度,使冷凝管每秒钟滴 2～4 滴液体。当接收器中水的体积不再增加,而且上层完全透明时,停止加热。将冷凝管内壁的水滴全部收集于接收器中,读出接收器中收集水的体积。

3. 水含量计算

试样中水分质量百分含量 X,按式(3－6)计算:

$$X = V/G \times 100\% \qquad (3-6)$$

式中　V——接收器中收集水的体积,mL;

　　　G——试样的质量,g。

测定两次,其结果不应超过接收器的一个刻度,取两次的算术平均值作为试样的水分。

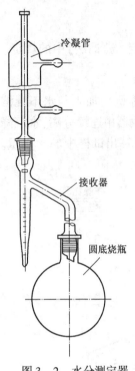

冷凝管

接收器

圆底烧瓶

图 3－2　水分测定器

第三节　容器容积表的使用方法

计算容器内的储油量,首先应查容积表。容积表反映容器中任意高度下的容积,即从容器底基准点起,任一垂直高度下该容器的有效容积。容积表一般以厘米或分米为单位,依据容器满量程的检尺高度,按序排列编制的。不足分米或厘米的,用线性插值法计算,如球形罐和卧式罐。若在某一区间内单位高度的容积不变,可以单独列毫米高度容积表,如立式罐。本节主要介绍各类储油容器容积表的使用方法。

一、容积的基本概念

(一)容积与容量

容积:容器内容纳物质的空间体积。

容量:容器在一定条件下可容纳物质数量(体积或质量)的多少。

(二)容量计量的有关术语

(1)标准体积:在标准温度 20℃下的体积,用 V_{20} 表示,单位 m^3。

（2）非标准体积（V_t）：任意温度下的体积，用 V_t 表示，单位 m^3。

（3）体积修正系数（VCF）：石油在标准温度下的体积与其在非标准温度下的体积之比，用 VCF 表示。

（4）空气浮力修正系数 F：将石油及液体油品在"真空中质量"换算到"空气中质量"的换算系数，常用 F 表示。用 F 乘以油品在真空中质量，便可得到油品在空气中质量，就是习惯上称谓的"油品质量"。

二、立式金属油罐容积表

（一）立式金属油罐容积表的组成

立式金属油罐容积表反映立式金属油罐任一高度下的油罐容积，一般包括以下三个部分：

（1）主表：从计量基准点起，以间隔 1cm 高对应的容积，累加至安全高度所对应的一列有效容积值。如附录中附表 1 所示为某一立式金属罐的容积表，为方便使用，油罐编号命名为 1 号罐。

（2）附表：又称小数表。按圈板高度和附件位置划分区段，给出每区段高度 1～9mm 的一系列对应的有效容积值，见附录中附表 1。

（3）容积静压力修正表：一般是按储存介质的密度为 $1g/cm^3$，储存高度从基准点起，以 1dm 间隔累加至安全高度所对应的一列罐容积增大值。如附录中附表 2 所示为 1 号罐的容积静压力修正表。

因罐底起伏不平，有时将确定高度下的罐底量作为一个固定量处理，编容积表时，将这个固定量和它所对应的高度作为主客积表的编表起点值。计量时，液位应在此高度以上进行。

（二）立式金属油罐容积表的使用

首先根据检尺高度查油罐容积表的主表，再查其小数表，最后查油罐容积静压力修正表，将三者加起来就是对应检尺高度下的油的体积。

【例 3－1】 某油库 1 号罐油罐检修后装水试验，经检测液位高 8.024m，试求罐内装水量。

解：查附表 1 的 1 号罐容积表知，8.02m 高的容积：$V_1 = 1319.616m^3$；

查小数表知，4mm 高的容积：$V_2 = 0.661m^3$；查附表 2 的 1 号罐容积静压力修正表知，8.00m 高水时的容积静压力修正值：$\Delta V_s = 0.649m^3$。

因此罐内装水量为

$$V = V_1 + V_2 + \Delta V_s = 1319.616 + 0.661 + 0.649 = 1320.926(m^3)$$

油罐受压后的容积增大值与装油高度和油品密度有关。为了使用方便，常常将静压容积增大值表按罐内 4℃纯水的密度 $1g/cm^3$ 编制，所以在计算装液高度下的静压容积增大值时，应该用液位下的表载容积增大值乘以罐内介质的实际相对密度 D_4^t，即 $\Delta V_{gp} = \Delta V_s \cdot D_4^t$。

但在实际油量计算时，由于提供的油品密度是标准密度，为了计算方便，求罐内油品体积时，所涉及的静压力容积增大值可以这样计算：$\Delta V_{gp} = \Delta V_s \cdot D_4^{20}$，两种取值方式所产生的误差是可以忽略的。

【例 3－2】 若 1 号罐油罐装油高度为 8.126m，油品的标准密度为 0.7531g/cm^3，油温

31℃,试求罐内装油量。

解：查附表 1 的 1 号罐容积表知，8.12m 高的容积：$V_1 = 1336.134\text{m}^3$；查小数表知，6mm 高的容积：$V_2 = 0.991\text{m}^3$；查附表 2 的 1 号罐容积静压力修正表知，8.10m 高时的容积静压力修正值：$\Delta V_s = 0.666\text{m}^3$。

因此罐内装油量为

$$V = V_1 + V_2 + \Delta V_s \cdot D_4^{20} = 1336.134 + 0.991 + 0.666 \times 0.7531 \approx 1337.627(\text{m}^3)$$

三、卧式金属油罐容积表

卧式金属油罐是一个两端封顶的水平放置的圆筒，其容积由两端封顶和圆筒两部分组成。卧式金属油罐容积表以厘米为间隔，单位高度的容积不等，也没有线性关系。由于计算卧式罐的毫米高度容积时，是按线性插值法近似计算的，所以使用卧式罐容积表时应按线性插值法进行计算。若卧式罐容积表说明上标注了液高修正值，在使用该容积表时，应将实际测量高度加上液高修正值以后，再查容积表。

附录中附表 3 为某一卧式金属罐的容积表，为使用方便，将其命名为 2 号罐。

【例 3 - 3】　若 2 号罐油高为 2.712m，试求罐内液位下的表载体积。

解：查附表 3 知，2.712m 在 271 ~ 272cm 之间，查 2 号罐容积表得：271cm 高时，容积为 25837L，272cm 高时，容积为 26105L。

油高为 271.2cm 时的表载体积为

$$V = 25837 + (26105 - 25837)/(272 - 271) \times (271.2 - 271) = 25890.6(\text{L})$$

【例 3 - 4】　若 2 号罐液高修正值为 +2mm，求油高 272.5cm 时的表载体积。

解：查容积表的液高应修正为

$$272.5 + 0.2 = 272.7(\text{cm})$$

272.7cm 的表载体积为

$$26105 + (26337 - 26105)/(273 - 272) \times (272.7 - 272) = 26267.4(\text{L})$$

四、球形油罐容积表

球形油罐容积表是按球形罐的竖内径（内高），以厘米为间隔，从罐底零点开始计算，累积至安全高度下的一列对应的有效容积值。

球形油罐液位高度下的容积计算、查容积表的方法同卧式金属油罐。

五、铁路油罐车容积表

铁路油罐车容积表是铁路油罐车作为计量器具进行容积计量和容重计量的技术依据，也是罐内安全装载监控的科学依据。

铁路油罐车容积表是根据铁路罐车罐体结构的特点以及若干个必要的几何参数，按照一定公式与规定的计算程序，预先计算出不同液面高度所对应的容积数值，将其按照一定规律编成的表格。铁路油罐车容积表由高度、容积和系数三列组成，如附录中附表 4 所示。

1986 年后，铁道部标准计量所为了方便广大用户，按罐车型号排列编表，采用英文字母作为每种型号的字头，共有 A、B、C、D、E、F、G、H、I、J、K、L、M、N、FA、FB、FC、FD、FE、FF20 个字头，每个字头 1000 个表，共计 2 万个容积表可供使用。

铁路罐车容积表的使用方法如下：

(1) 根据容积表号查找正确的容积表；

(2) 根据量油高度查表并计算油量：

$$容积 = 查表高度容积 + 系数 \times 表号后两位$$

【例 3 – 5】 罐车表号 A547，罐内油品高度 2680mm，求油品体积。

解：根据表号 A547，应查铁路罐车表中 A500 ~ A599 表，见附表 4。

根据油品高度，在表中查得基础容积为 59897L，系数 $K = 29.5657$，代入得

$$V_t = 59897 + 29.5657 \times 47 \approx 61286.6(L)$$

答：罐车内装油 61286.6L。

六、油船舱容积表

(一)小型油轮、油驳舱容积表

小型油轮、油驳舱容积表是在船舱计量口的指定检尺位置的垂直高度上，从舱底基准点起，以 1cm 间隔累加至安全高度的一列高度与容积的对应值。计量时按照实际油高查舱表，一般不作倾斜修正。

如附表中附表 5 所示，云油 1 号油轮左 3 舱容积表，当检尺实际高度为 1.380m 时，查表容积为 66521dm³ 。

有时，为了排列和使用方便，在油轮、油驳舱容积表上只给出各段的起讫点、高差、部分容积、毫米容积和累积容积。使用时取与油高最近又低于油高的那个"讫点"的累积容积加上油高和这个讫点的高差与该段每毫米容积的乘积。

【例 3 – 6】 附表中附表 6，102 号油驳左 1 舱，油高 2452mm，求表载体积。

解：查附表 6，102 号左 1 舱容积表，油高 2452mm 的讫点是 2130mm，累积容积是 62519.6L，高差为 $2452 - 2130 = 322(mm)$，每毫米容量为 28.960L，油高 2452mm 的表载体积为

$$62519.6 + 28.960 \times 322 \approx 71845(L)$$

答：102 号左 1 舱装油 71845L。

(二)大型油轮舱容积表

大型油轮舱容积大，若计量口不在液货舱中心，装油以后船体会有不同程度的纵倾，就会造成计量误差。

大型油轮的液货舱一般是按空距和水平状态编制的，舱容积表上注明了舱容总高(参照高度)，还列出了与空距相对的实际高度。为了修正装油后的船体和编容积表时的船体状态不一致造成的误差，液位下的表载容积需要用纵倾修正值修正。纵倾修正值表将倾斜状态下测量的高度修正到水平状态时的高度。

【例 3 – 7】 大庆油轮左 1 舱(舱容积表见附录中附表 7)空距 0.29m，水实高 0.12m，测量时的前吃水 0.7m，后吃水 1.2m，求舱内装油体积。

解：计算前后吃水差： $1.2 - 0.7 = 0.5(m)$

将测量空距进行水平空距修正：查附表 8 大庆液化舱纵倾修正值表，吃水差 0.5m 时，修正值为

吃水差 $= 0.05 + [(0.10 - 0.05)/(0.6 - 0.3)](0.5 - 0.3) = 0.05 + 0.033 = 0.083 \approx 0.08(dm)$

水平空距为

$$0.29 + 0.008 = 0.298(\mathrm{m})$$

查舱容表,空距0.298m时,其舱容为

$$V = 273.000 + \left[(26848 - 27300)/(0.3 - 0.2)\right](0.298 - 0.2) = 268.5704 \approx 268.570(\mathrm{m}^3)$$

水高经水平修正后得

$$0.12 - 0.01 = 0.11(\mathrm{m})$$

计算水的体积,查舱容表得

$$1.58 + (3.40 - 1.58) \times 0.1 = 1.762(\mathrm{m}^3)$$

该舱装油体积为

$$268.570 - 1.762 = 266.808(\mathrm{m}^3)$$

答:大庆油轮左1舱装油体积为266.808m³。

七、 汽车油罐车容积表

汽车油罐车一般由 1~3 个油仓组成,每个油仓均有计量基准点刻线。用于油品交接计量的汽车油罐车须有经检定部门检定合格的证书和罐车容积表。

汽车油罐车容积表的使用同卧式罐,汽车油罐车计量的停车场应坚实、平整、坡度不大于5/1000。

第四节 石油产品质量计算

一、 石油计量表

GB/T 1885—1998《石油计量表》等效采用国际标准,该标准规定了将在非标准温度下获得的玻璃石油密度计读数(视密度)换算为标准温度下的密度(标准密度)和体积修正系数的方法。

石油计量表的组成及使用方法,详见 GB/T 1885—1998《石油计量表》。

二、 石油标准密度的换算

在容器内取得代表性试样后进行密度测定,得到的是测定温度下的密度计读数,即视温度和视密度,它不能直接用于计算油品质量,需借助于 GB/T 1885—1998 中的表59"标准密度表"进行油品质量计算。利用"标准密度表"可以根据油品试样的视温度和视密度查得标准密度。

已知某种油品在某一试验温度(视温度)下的视密度,换算标准密度的步骤是:

(1)根据油品类别选择相应油品的标准密度表,原油、产品和润滑油的标准密度表表号分别为表59A、表59B 和表59D。

(2)确定视密度所在标准密度表中的密度区间,并根据试验温度确定查找的标准密度所在的表页。

(3)在视密度栏中,查找已知的视密度值;在温度栏中找到已知的试验温度值。该视密度值与试验温度值的交叉数即为油品的标准密度。如果已知视密度值正好介于视密度栏中两个相邻视密度值之间,则可以采用内插法确定标准密度,但试验温度值不内插,用较接近的温度值查表。

（4）最后结果保留到万分位。

三、石油标准体积的计算

计算油品质量时,需将计量温度下的油品体积换算为20℃的标准体积,才能与标准密度相乘求出油品质量。

石油的标准体积(V_{20})是根据查得的容积表值即非标准体积(V_t)与体积修正系数(VCF)相乘而得到,即

$$V_{20} = V_t \cdot \text{VCF} \qquad (3-7)$$

体积修正系数(VCF)需要依据油品的计量温度 t 和标准密度 ρ_{20},通过 GB/T 1885—1998 中的表60"体积修正系数表"查得。

已知某种油品的标准密度和计量温度,查找、换算体积修正系数的步骤是:

（1）根据油品类别选择相应油品的体积修正系数表,原油、产品和润滑油的体积修正系数表表号分别为表60A、表60B 和表60D。

（2）确定标准密度所在体积修正系数表中的密度区间,并根据计量温度确定被查找的体积修正系数所在表页。

（3）在标准密度栏中,查找已知的标准密度值,在温度栏中找到油品的计量温度值,二者交叉数即为该油品从计量温度修正到标准温度的体积修正系数。

如果已知标准密度介于标准密度行中两相邻标准密度之间,则可以采用内插法确定其体积修正系数。温度值不用内插,仅以较接近的温度值查表。

（4）最后结果保留到十万分位。

四、空气中石油质量的计算

由于通常石油是按空气中的质量来计算的,因此,必须把真空中的质量换算成空气中的质量。GB/T 1885—1998 提供了"空气浮力修正值""换算系数 F 表""石油20℃密度与单位体积石油在空气中的质量换算表"。

已知石油在20℃条件下的密度和体积,可用式(3-8)和式(3-9)其中任一种方法计算石油在空气中的质量。

$$m = V_{20} \cdot \rho_{20} F \qquad (3-8)$$

式中　m——油品在空气中的质量,t;

　　ρ_{20}——标准密度,kg/m^3;

　　F——石油空气中质量换算系数,可查 GB/T 1885—1998。

$$m = V_{20} \cdot (\rho_{20} - 1.1) \qquad (3-9)$$

式中　1.1——空气浮力修正系数。

有争议时,以式(3-8)为准。

对于原油或其他含水油品,计算纯油量的计算公式为

$$m_c = m \cdot (1 - W) \qquad (3-10)$$

式中 m_c——纯油的质量,t;

W——原油或其他含水油品的含水率,%。

思考题

1.什么是油品静态计量?散装油品的计量方式主要有哪几种?

2.简述石油的一般性状。

3.简述石油的元素组成及烃类组成。

4.石油产品的常用理化指标有哪些?

5.石油产品分为哪几类?

6.简述对汽油、柴油、煤油、润滑油的使用要求。

7.简述立式钢油罐的技术要求。

8.简述立式钢油罐须大修的条件及大修项目。

9.简述卧式钢油罐的技术要求。

10.解释下列名词术语:检尺口、参照点、检尺点、空距、修正值、参照高度、检实尺、检空尺。

11.什么是人工检尺?进行人工检尺操作需要哪些器具?

12.上罐检尺操作前应做好哪些准备工作?

13.怎样测量油高?在人工检尺操作时应注意哪些规定?

14.试述用杯盒温度计测量油温的有关规定(包括测温部位和测温停留时间)。

15.简述立式罐、卧式油罐、铁路罐车、汽车油罐车、油舱的取样规定。

16.简述油品取样操作方法及注意事项。

17.解释什么是密度、试验温度、视密度、标准密度,写出其表示符号及法定计量单位的符号。

18.简述油品密度测定方法及注意事项。

19.简述油品含水率的测量方法。

20.什么是标准体积、非标准体积、体积修正系数、空气浮力修正系数?其表示符号是什么?

21.什么是容积表?简述立式金属油罐容积表的组成及使用方法。

22.简述标准密度的换算方法。

23.石油标准体积怎样计算?

第四章 流量计与油品动态计量

应用具有适当准确度的流量仪表去测量流经流量仪表的流体数量称为流量计量。由于它是在流体运动中进行测量,称为动态计量,以区别于液体静止时计量的容量计量。容量计量称为静态计量。中国石油某油田在用动态流量计如图 4 – 1 所示。

液体和气体统称为流体。流量是指在流动的流体中,单位时间内流经与流体流动方向相垂直的流体横截面内流体的数量。流体流量数值若用体积计算,称为体积流量;若以质量计算,则称为质量流量。

流体的计量单位是导出单位。对体积流量,单位有 m^3/h、L/min、L/s 等;对质量流量,单位有 t/h、kg/s 等。流量计量可用瞬时流量表示,也可用累积流量表示。所谓瞬时流量,表示在某一时刻的流量值,如 L/min、kg/s 等的流量值。累积流量指在某一时间间隔内,流体流经某横断面的

图 4 – 1　中国石油某油田在用动态流量计

总量,如某油库通过流量计发给某顾客汽油多少升。累积流量单位与时间无关。若是体积流量,其计量单位为 m^3、L 等;若是质量流量,其计量单位为 t、kg 等。一般而言,瞬时流量主要用于控制流体供出量的大小,以便适应工艺过程的需要。累积流量用于供给流体总量的计算,以便在贸易交接和物料转交时进行数量计算。

第一节　流　量　计

随着科学技术的发展,需要检测的流体品种越来越多,对检测准确度的要求越来越高。因此,人们根据不同测量对象的物理性质,运用不同的物理原理和规律,设计制造出了各种类型的流量仪表。同时,流量计量技术也得到迅速发展。加上流量计的制造工艺不断完善,使流量计的稳定性、可靠性、准确性极大提高,给流量计的使用带来了广阔的前景。

由于流量计使用方便,直观性强,能直接显示体积量或质量,不受心理因素的影响,因此日益受到人们的欢迎,被广泛地用来作为贸易、交接的计量手段。

视频4-1　流量计

流量计是测量流量的器具,通常由一次装置和二次装置组成(视频4-1)。它能指示和记录某瞬时流体的流量值,累积某段时间间隔内流体的总量值,可以测量体积流量或质量流量。本节主要对常见流体流量计进行简单介绍。

一、流量计的分类

(1)按测量结果的单位分,有体积流量计、质量流量计,前者如腰轮体积流量计,后者如科里奥利振动式质量流量计;

(2)按测量原理分,有容积式流量计(如腰轮流量计)、速度式流量计(如涡轮流量计)、质量式流量计(如科里奥利质量流量计)、差压式流量计(如孔板流量计)等;

(3)按测量场合分,有管道上用的,有明渠中用的。

二、流量计的主要技术参数

(一)测量范围(工作范围)

测量范围是指在正常使用条件下,流量仪表在规定的基本误差内可测的最小流量至最大流量的范围。流量仪表一般均在特定介质及状态下进行标定和刻度,通常液体用水,而气体是用温度为20℃、压力为98kPa下的空气标定后分度,因此选用流量计刻度时,需要将实际工况条件的被测介质的流量换算成标定和刻度情况下的水或空气的流量,然后再来选择流量计的口径。

(二)公称通径

公称通径是指进入管道的公称通径,仪表的公称通径值应在优选数列中选取。

(三)基本误差

流量计在测量范围内,在规定的工作条件下确定的误差为基本误差。若以准确度等级来表示,0.5级的仪表其基本误差限为±0.5%,1级的仪表其基本误差限为±1%,因此仪表的准确度等级越高,其基本误差越小。流量计的基本误差有读数误差和引用误差。

(四)公称工作压力

公称工作压力是指仪表在运行条件下长期正常工作所能承受的最大压力。

(五)重复性

重复性是指在相同测量条件下,重复测量同一个被测量,测量仪器提供相近示值的能力。这些条件包括:相当的测量程序、相同的观测者、在相同条件下使用相同的测量设备、在相同地点、在短时间内重复。

(六)压力损失

压力损失是指仪表在工作条件下,流体流经仪表时产生的不可恢复的压力降。

(七)稳定性

稳定性是指测量仪器保持其计量特性随时间恒定的能力。若稳定性不是对时间而是对其他量而言,则应该明确说明。稳定性可以用几种方式定量表示,如用计量特性变化某个规定的量所经过的时间表示,或用计量特性经规定的时间所发生的变化表示。

(八)响应时间

响应时间是指激励受到规定突变的瞬间,与响应达到并保持其最终稳定值在规定极限内的瞬间,这两者之间的时间间隔。这是测量仪器动态响应特性的重要参数之一,是对输入输出关系的响应特性。

三、流量计的工作原理及特性

(一)容积式流量计

容积式流量计是以在被计量的时间内,被测流体通过计量室排出的次数作为依据进行测量的。计量室类似于定容量器的测量装置,是流量计的壳体与内部转子之间固定容积空间,它的容积可以经过计算或标定而准确求得。因此只要对转子的转动次数进行累积计数,即能求得流过流量计的体积量。属于这一类型的流量计有以椭圆齿轮与外壳间的空腔作为计量室的椭圆齿轮流量计、以腰轮和外壳间的空腔作为计量室的腰轮流量计、以两个刮板之间的空腔作为计量室的刮板流量计等,它们显示的是体积量。

容积式流量计的优点是:测量准确度较高,测量液体时准确度可达 0.2%;被测介质的黏度变化对仪表示值影响较小;仪表的量程比较宽,可达 10:1。

容积式流量计的缺点是:传动机构较复杂,制造工艺和使用条件要求较高。例如,被测介质不能含有固体颗粒状杂质,否则会影响仪表正常工作。

(二)速度式流量计

当被测流体以某一流速沿管道流动时,通过置于管道中的测量系统输出一个流速成正比的信号。由于流量与流速有关,因此通过计算可以得出流过管道的流量。速度式流量计包括涡轮流量计、旋涡流量计、电磁流量计、超声流量计等。它们显示的也是体积量。

速度式流量计测量准确度高(通常在 ±0.2% 以内),而且在线性流量范围内,即使流量有所变化,也不会降低累积准确度。它的量程比(最大和最小线性流量比)大,适合于流量大幅度变化的配比系统,且惯性小、反应快,温度范围宽,适合于液体在各种温度状态下计量。其输出的数字信号与流量成正比,不降低流量准确度,又适应自动化要求,便于远距离传送和数据处理,能耐受高压,压力损失小。为保证管道截面积上的流速均匀,安装要求较高,其进出口处前后的直管段长度应分别不小于变送器通径的 20 倍和 15 倍。因此在石油系统有很大的发展前景。

(三)节流式流量计

节流式流量计(差压式流量计)的历史较悠久,是工业上应用最广的一种流量测量仪表。它是利用流体流经管路中的节流装置时产生的压力差来实现流量测量的。节流装置一般可分为标准孔板、标准喷嘴和标准文丘里管三种。标准节流装置的结构已经标准化,有可靠的试验数据,只要严格遵守加工和安装的要求就可以使用。但由于"严格"两字在现实中很难做到,加上使用时工况条件偏离设计时的条件,所以往往引起较大的测量误差。

节流式流量计显示的内容根据设计要求,可以是体积流量,也可以是质量流量。

(四)质量流量计

用于计量流过某一横截面的流体质量流量或总量的流量计为质量流量计。质量流量计可分为直接式质量流量计和推导式质量流量计两大类。

(1)直接式质量流量计:由检测元件直接检测出反映质量流量大小的信号,从而得到质量流量值。

(2)推导式质量流量计:采用可测出体积流量的流量计和密度计(或含密度计量的仪表)组合,同时检测出介质的体积流量和密度,通过运算器的运算得出质量流量有关的输出信号。

不管是哪一类质量流量计,它们显示的都是真空中的质量。

目前,直接式质量流量计中的科里奥利式质量流量计在石油石化行业流量计量当中广泛使用。

四、常用流量计介绍

(一)椭圆齿轮流量计

1. 工作原理

椭圆齿轮流量计是一种比较典型的容积式流量计,目前在油库中应用较普遍,常用于计量成品油类流量,如图4-2所示。

图4-2 椭圆齿轮流量计

椭圆齿轮流量计的壳体内装有一对互相啮合的椭圆齿轮,这对齿轮在流量计进出口两端压力差的作用下,交替地相互驱动,并各自绕轴作非匀速旋转。当椭圆齿轮流量计进行工作处于如图4-3(a)所示的状态时,进出口压力差作用在B(上为B轮,下为A轮)轮上的合成力矩为零,A轮上产生一个转动矩使A轮(主动轮)作逆时针方向转动并带动B轮作顺时针方向转动,如图4-3(b)所示。当A、B两轮处于图4-3(c)所示位置时,A轮上所受合成力矩为零而B轮(主动轮)上产生一个转动力矩。此时,A、B两轮的主从关系变换而转动方向不变,随着A轮和B轮主从关系的交替变换,被测液体就以新月形计量室的容积为单位一次一次被排出。

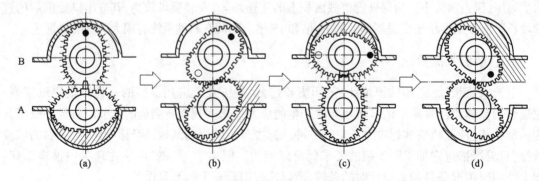

图4-3 椭圆齿轮流量计工作原理图

因此,只要将椭圆齿轮的转数传输给积算器的指针的数字轮,就能求出被测介质流经流量计的总量。

2. 特性

(1)计量精度较高,一般为0.5级,如果加工装配能符合要求,可以达到0.2级,可作为商贸计量用;它既可就地显示,又可远传显示。

(2)黏度变化时,泄漏量也会变化。黏度越低,泄漏量越大,黏度越高,泄漏量越小。

(3)由于是两个转子齿轮互相啮合传动,所以排量大的流量计的噪声也相应增大。因此,流量计的应用受到一定的限制。

(4)仪表可以水平安装也可以垂直安装,对前后直管段无要求,但要注意仪表的流向要求。

(5)对流体的清洁度要求较高,如果被测介质过滤不清,齿轮很容易被固体异物卡死而不工作,故必须在流量计上游安装过滤器。

(6)在超负荷工作时仪表的使用寿命将明显缩短;但压力太小又会影响仪表精度,故要求通过仪表的最小出口压力为0.02MPa。

(二)旋涡流量计

1. 工作原理

视频4-2 旋涡流量计

旋涡流量计(也称涡街流量计)是国际上20世纪70年代末才问世的产品,投放国内市场以来深受广大用户欢迎(图4-4、视频4-2)。它是一种速度式流量计,输出信号是与流量成正比的脉冲频率或标准电流信号,可远距离传输,并且输出信号仅与流量有关,不受流体温度、压力、成分、黏度和密度等的影响。

旋涡流量计的工作原理如下:在流动的流体中插入一根其轴线与流向垂直的非流线型断面的柱体时,其下游就会产生两排内旋的、相互交错的旋涡列,如图4-5所示。

图4-4 旋涡流量计

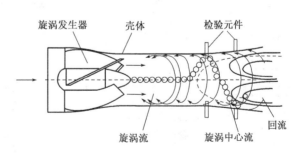

图4-5 旋涡流量计工作原理

若交错的旋涡列满足一定的条件时(雷诺数在$2 \times 10^4 \sim 7 \times 10^6$范围内),旋涡的分离是规则而稳定的,这就是所谓的"卡门涡街"。

旋涡在柱体两侧交替发生时,有一个与流向垂直的交变应力产生。它通过旋涡发生体两侧引压孔作用在探头上,使探头内部产生交变应力,其频率与一侧旋涡频率相同,并利用在探头内部的压电晶体产生与旋涡分离频率相同的电信号。电信号经转换器处理后,转换成与流量成正比的脉冲信号,送入流量计算仪进行显示和计算。

2. 特性

(1)旋涡流量计没有转动部件,当流量计的结构确定后,流体振荡(旋涡)就服从一定的规律,振荡频率只随雷诺数变化,与介质的种类及其参数,如压力、温度、密度等无关,所以对于不同的测量介质,其仪表常数是相同的。

(2)对上、下游直管段长度有严格的要求,安装仪表的管道不能有激烈的机械振动。

(3)为了保证旋涡列有规律性,必须在允许的流量测量范围内使用,即雷诺数的范围。

(4)量程比大,可达30:1到100:1,耐受温度也较高,可达400℃。

(三)节流式流量计

节流式流量计是使用历史最久、应用最广泛的一种流量测量仪表,同时也是目前生产中最成熟的流量测量仪表之一。节流式流量计是基于流体流动的节流原理,利用流体流经节流装置时产生的压力差与其流量有关而实现流量测量的,如图4-6所示。

视频4-3 孔板流量计

节流式流量计由节流装置(包括节流件和取压装置)、导压管和差压计或差压变送器及显示仪表组成。最常用的节流件有同心圆孔板、喷嘴、文丘里管等。孔板流量计是节流式流量计的一种,它的核心部分是节流装置,如图4-7所示(视频4-3)。

在管道中流动的流体具有动能和位能,比如流体由于有压力(因液位差、泵、压气机等动力源的作用)而具有位能,又由于它有流动速度而具有动能。这些不同形式的能量在一定条件下可以互相转换,并遵守能量守恒定律。

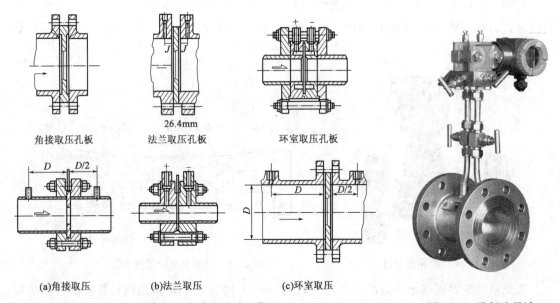

角接取压孔板	法兰取压孔板	环室取压孔板

26.4mm

(a)角接取压   (b)法兰取压   (c)环室取压

图4-6 各种节流式流量计工作原理   图4-7 孔板流量计

流体在管道轴向连续向前流动遇到节流件的阻挡,造成流束的局部收缩。在流束截面积最小处流体的流速比管道中流速最大处要大;在流束截面积最小处的静压力比流束截面积最大处要小,也就是流体通过孔板前、后所具有的静压能部分转换为动能而造成孔板前压力大于孔板后压力,产生了静压差。流量与压差的大小有单值函数关系,流量越大,流束的局部收缩及动能、位能的转化也越显著,即压差也越大。所以,只要测出节流件前后的压力差,就可求得流经节流件的流体流量。

节流装置有标准节流装置和非标准节流装置。标准节流装置是它们的结构、尺寸和技术条件都有统一标准,有关计算数据都经系统试验而有统一的图表。但在某些场合也可采用称为非标准节流装置或特殊节流装置的其他形式的节流件,如双重孔板、圆缺孔板等。

标准孔板是一块具有圆形开孔并与管道同心,其直角入口边缘非常锐利的薄板。用于不同管道内径的标准孔板结构形式基本上是几何相似的。

标准节流元件的研究最充分,取得的数据最完善,并在工业上广泛应用。

(四)转子流量计

转子流量计(又称恒压降式流量计)也是利用流体流动的节流原理为基础的一种流量测量仪表。在用的液体玻璃转子流量计如图4-8所示。

转子流量计是由一段向上扩大的圆锥形管和密度大于被测流体密度,且能随被测流体流量大小作上下浮动的转子组成,当流体自下而上流经锥管时,转子就因受到流体的冲击而向上运动。转子上移,转子与锥管之间的环形流通面积增大,流体流速降低,直到流体作用在转子上的向上推力与转子在流体中的重力相平衡。此时,转子就停留在锥形管中的某一高度上。如果流量增大,则转子达到平衡时的位置就更高;流量减少,转子达到平衡时的位置就降低。根据转子悬浮的高度就可测知流量。

近年来设计生产出的双转子流量计,具有计量精度高、运转平稳、低噪声、无脉动、流量大、寿命长、黏度适应性强的特点,广泛应用于石油、化工、轻工、交通、商业等部门,特别适用于原油、精炼油、轻烃等工业流体的计量。

(五)质量流量计

质量流量计是根据科里奥利力原理制造的一种新型的直接测量封闭管道内流体质量流量的测量仪表,其结构一般由信号测量传感器和信号转换器两部分组成,如图4-9所示。

图4-8　在用的液体玻璃转子流量计　　　图4-9　质量流量计

由于科里奥利质量流量计具有能够直接测量流体质量流量、测量准确度高、应用范围广、安装要求低、仪表运行可靠、维修率低等特点,已广泛应用于石油、化工、冶金、热力、电力、食品等领域的流量测量。某成品油交接计量中运行的质量流量计如图 4 - 10 所示。

图 4 - 10　某成品油交接计量中运行的质量流量计

1. 工作原理

在传感器外壳中的流量管振动有它的固有频率。振动管由安装于振动管端部的电磁驱动

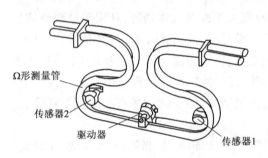

Ω形测量管

传感器2

驱动器

传感器1

图 4 - 11　质量流量计工作原理

线圈驱动作近似于声叉的振动。当流体流入流量管时被强制接受流量管的垂直运动。在流量管向上振动的半个周期,流体反抗管子向上运动对其垂直动量的增加而对流量管施加一个向下的力。反之,流出流量管的流体在流量管施加一个向上的力以反抗管子向上振动而对其垂直动量的减少。这便导致了流量管产生扭曲。在振动的另外半个周期,流量管向下振动,扭曲方向则相反。这一扭曲现象被称为科里奥利现象,如图 4 - 11 所示。

根据牛顿第二定律,流量管扭曲量的大小是完全与流经流量管的质量流量的大小成正比的。安装于流量管两侧的电磁信号检测器用于检测振动管的振动。质量流量大小是由这两个信号的相位差来决定的,当没有流体流过流量管时,流量管不产生扭曲,两边电磁信号检测器的检测信号是同相位的;当有流体流过流量管时,产生流量管的扭曲,从而导致两个检测信号的相位差,这一相位差直接正比于流过的质量流量。

2. 特性

(1)适用于多种介质。

(2)测量准确度高。

(3)安装直管段要求低。

(4)可靠性好。

(5)维修率低。

(6)具有核心处理器。

(六)刮板流量计

刮板流量计自 20 世纪 70 年代末至 80 年代初期开始在我国石油动态计量上得到迅速推

广和普及,尤其在石油及液体产品的商品计量方面应用得非常广泛,大有逐步取代腰轮流量计、涡轮流量计的趋势。目前在原油、成品油的收销计量方面广泛地使用了刮板流量计,如图4-12至图4-14所示。

图4-12 中国石油在用的刮板流量计

图4-13 中国石油在用刮板流量计拆解图

图4-14 中国石油某油田在用流量计计量间

1.结构

刮板流量计有凸轮式和凹线式两种形式,如图4-15至图4-18所示。

图4-15 凸轮式刮板流量计

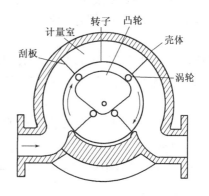

图4-16 凸轮式刮板流量计原理

图4-17 凹线式刮板流量计

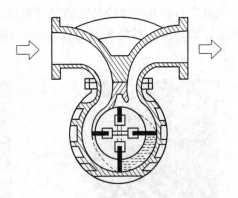
图4-18 凹线式刮板流量计原理

2.工作原理

当被计量的液体经过流量计时,推动刮板和转子旋转。与此同时,刮板沿着一种特殊的轨迹呈放射状地伸出或缩回。但是,每两个相对的刮板端面之间的距离是一定值。所以在刮板连续转动时,在两个相邻的刮板、转子、壳体、内腔以及上下盖板之间就形成了一个容积固定的计量空间,转子每转一圈,就可以排出4个(或6个)同样闭合的体积,精确地计量空间的液体量。无论哪种形式的刮板流量计,其动作原理都是相同的,如图4-19所示。

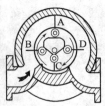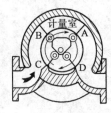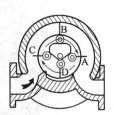

图4-19 凸轮式刮板流量计动作原理

3.特性

(1)由于刮板的特殊运动轨迹,使被测流体在通过流量计时完全不受干扰,漏油量极少,呈流线运动状态。这一特点为提高精度、减少压力损失创造了良好的条件。

(2)计量精度高,一般精度可达0.2%,甚至可达到0.1%。

(3)结构设计上机械摩擦小,所以压力损失小,最大流量时,压力损失一般不超过0.03MPa。

(4)适应性强。对于不同黏度以及带有细颗粒杂质的液体,均能保证精确计量。

(5)在耐用性、稳定性方面好,使用寿命长。

(6)振动和噪声小。

(7)因采用双壳体,受环境温度变化影响较小。另外,检修时不受管线热胀和压力的影响,方便检查和维修。

其缺点是结构较复杂,制造精度高,价格也相对较高。

(七)腰轮流量计

腰轮流量计也称罗茨流量计,是容积式流量计中较典型的工业仪表。腰轮流量计精度高

(0.1% ~0.5%),量程比为1:10,结构简单可靠且寿命长,对流量计前后的直管段或整流器无严格要求,容易做到就地指示和远传,适用于水、油和其他液体的测量,也可用于各中高低压气体的测量。

1.工作原理

腰轮流量计对液体进行计量,是通过计量室和腰轮(转子)来实现的。每当腰轮转一圈,便排出4个计量室的体积量。该体积量在流量计设计时就确定了,只要记录腰轮转动的圈数,就得到被计量介质的体积量。腰轮(转子)靠液体通过流量计产生的压差转动。腰轮流量计的结构原理和45°组合式腰轮流量计结构原理如图4-20所示。

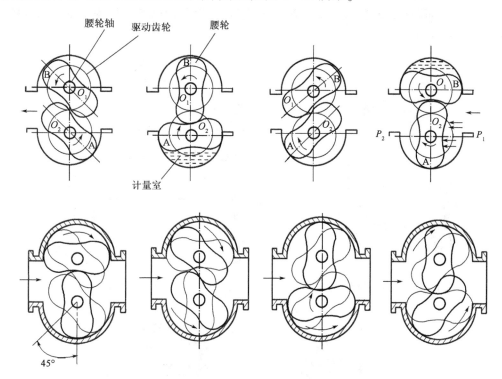

图4-20 腰轮流量计结构原理和45°组合式腰轮流量计结构原理

2.特性

腰轮流量计从20世纪70年代得到推广和应用,主要用于原油体积的计量,有如下特点:

(1)结构简单,制造方便,使用寿命长。

(2)采用摆线45°组合和圆包络45°组合式腰轮转子,在大流量下基本无振动。

(3)计量精度高,尤其是大口径腰轮流量计,其精度可达 ±0.2%。

(4)适用性强,对不同黏度的液体,均能保证计量精度。

(5)在大流量下,压力损失大于刮板流量计,但一般不超过0.05MPa。

(6)体积较大,笨重。

(7)由于是单层壳体,受环境温度影响较大,尤其是输送含蜡原油时,更为明显。

(八)涡轮流量计

涡轮流量计并不是一种新型的测量装置,根据有关资料介绍,美国1886年已发布过第一个涡轮流量计的专利,并认为流量与频率相关。到20世纪50年代,由于喷气引擎和液体喷气燃料的发展,需要高精确度、快速反应的流量计,因而使涡轮流量计的发展和研制进入了一个新的阶段,如图4-21所示。待安装的涡轮流量计和DN250涡轮流量计如彩图4-1、彩图4-2所示。

1.工作原理

当流体通过叶片与管道之间的间隙时,叶片前后的压差产生的力推动叶片,使涡轮旋转的同时,叶片周期性地切割磁铁产生的磁力线,改变通过线圈的磁通量。根据电磁感应的原理,在线圈内将感应出脉冲的电势信号。信号放大后,送至显示仪表。脉动电势信号的频率正比于涡轮的转数,而涡轮的转数又正比于流体的流量,所以脉冲电势信号频率正比于流体的流量,如图4-22所示。

图4-21 涡轮流量计

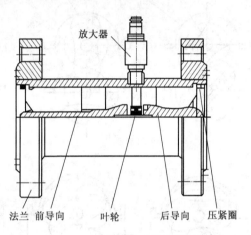

图4-22 涡轮流量计传感器结构

彩图4-1 待安装的涡轮流量计

彩图4-2 DN250涡轮流量计

2.特性

(1)测量准确度高:其基本误差为±0.5%~±0.2%,也可达到±0.1%。而且在线性流量范围内,即使流量有所变化,也不会减低累积准确度。

(2)测量流量范围宽:量程比为10:1,适用于流量变化幅度较大的现场测量。在同样口径流量计中,它的流量是比较大的。

(3)由于结构简单,运动部件少,所以压力损失小。工作流量下的压力损失仅为0.015~0.05MPa。

(4)耐压高:该流量计的外形简单,容易实现耐高压的设计,故常用于锅炉给水等高压管路中水的测量。另外,涡轮旋转次数由外部非接触式检测,在流体管路和外部空间没有连通器,这也是耐高压的有利条件。有的涡轮流量计耐压可达16MPa。

(5)温度范围宽:如注意选择涡轮的轴承和旋转检测部分,就可以用于很宽的温度范围,既可用于加热重油和原油的高温液体的流量测量,也可用于低温状态下,如液态石油气、液态氮、液态氢的流量测量。

(6)仪表元件使用各种抗腐蚀材料制成,可用于酸、碱、油和水等各种介质的流量测量。

(7)数字信号输出:易于实现信号远传、自动控制和调节。涡轮流量计的输出是与流量成正比的脉冲信号,所以通过传输线路不降低其准确度,而且容易进行累积显示。此外,这种数字信号适用于作为计算机、定量装货设备、配比系统的输入信号。

(8)仪表结构简单紧凑:体积小,质量轻,安装、维修方便。此外,因它无滞流部分,内部清洗也较为简单。

(9)仪表重复性好,动态响应好。

(九)超声流量计

超声流量计是利用超声波在流体中的传播速度会随被测流体流速变化的特点而于近代发展起来的一种新型测量流量的仪表。由于其优良的性能和特点,近年来在油气计量领域得到了广泛应用,如图4-23所示(视频4-4、彩图4-3、彩图4-4)。

视频4-4 超声流量计

图4-23 正在使用的超声流量计

彩图4-3 超声流量计

彩图4-4 超声流量计控制单元

假定流体静止时的声速为 c,流体速度为 v,顺流时传播速度为 $c+v$,逆流时则为 $c-v$。在流体中设置两个超声波发生器 T_1 和 T_2,两个接收器 R_1 和 R_2,发生器与接收器的间距为 L(图4-24)。在不用两个放大器的情况下,声波从 T_1 到 R_1 和从 T_2 到 R_2 的时间分别为 t_1 和 t_2:

$$t_1 = L/(c+v) \tag{4-1}$$

$$t_2 = L/(c-v) \tag{4-2}$$

一般情况下,$c \gg v$,即 $c^2 \gg v^2$,则

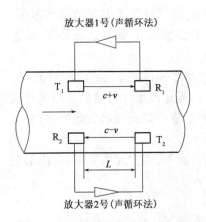

放大器1号(声循环法)

T_1 R_1
$c+v$
R_2 $c-v$ T_2
L

放大器2号(声循环法)

图 4-24　超声波传播速度法原理图

$$\Delta t = t_2 - t_1 = 2Lv/c^2 \qquad (4-3)$$

若已知 L 和 c,只要测得 Δt,便可知流速 v,此种测量方法称为时差法。

由于流速带给声波的变化量为数量级 10^{-3},而要得到 1% 的流量测量精度,对声速的测量要求为 $10^{-5} \sim 10^{-6}$ 数量级,检测很困难。

为了提高检测灵敏度,早期采用相位差法,即测相位差 $\Delta\varphi$ 而非 Δt,$\Delta\varphi$ 与 Δt 有如下关系:

$$\Delta\varphi = 2\pi f_t \Delta t \qquad (4-4)$$

式中　f_t——超声波的频率。

以上方法存在的问题是,必须已知声速为 c,且声速要随温度而变化。因此只有进行声速修正,才能提高测量精度。

如果接入两个反馈放大器,即构成声循环法,就不需要进行声速修正了。如图 4-24 所示,首先从 T_1 发射超声波,R_1 接收到的信号经放大器放大后加到 T_1 上,再从 T_1 发射,如此重复进行,重复周期为式(4-1)中的 t_1,重复频率(声循环频率)f_1 为:

$$f_1 = 1/t_1 = (c + v)/L \qquad (4-5)$$

同理,逆向从 $T_2 \rightarrow T_1$ 循环的声循环频率为 f_2:

$$f_2 = 1/t_2 = (c - v)/L \qquad (4-6)$$

声循环频率差 Δf 为:

$$\Delta f = f_2 - f_1 = 2v/L \qquad (4-7)$$

由式(4-7)可知,流速只与顺逆流的频率差有关,与声速无关,从而消除了声速的影响。目前超声流量计多采用此法。

以上三种方法称为传播速度法,此外还有多普勒法和波速偏移法等。

超声流量计分为固定式和便携式两种。用传播速度法设计的超声流量计,只能适用于清洁液体和气体,不能用于测量悬浮颗粒和气泡超过某一范围的液体。便携式超声流量计可作移动性测量,适用于管道流量分配状况的评价,但由于需要外加装换能器,因此不能用于衬里或结垢太厚的管道,以及衬里(锈层)与内壁剥离(若夹层夹有气体会严重衰减超声波信号)或锈蚀严重(会改变超声波传播路径)的管道。

超声流量计使用方便;安装在测量管道的外表,和被测流体不接触,所以不干扰流场,没有压力损失;维修时不需要切断流体。超声流量计对管道尺寸及流量测量范围的变化有很大的适应能力,其结构形式与造价同被测管道的直径关系不大,且直径越大经济优势越显著。超声流量计适用于管径 20~5000mm 的各种介质的流量测量,并具有较高的测量精度。超声流量计应尽可能在远离泵、阀等流动紊乱的地方安装。

第二节　动态测压、测温和取样

为了确保流量计系统的正常运行,对管路中的石油产品进行监督和管理,在流量计系统中要进行测压、测温和取样作业,保证油品质量安全。

根据 GB/T 9109.1—2016《石油和液体石油产品动态计量　第 1 部分:一般原则》规定,计量系统的配置类型有:

(1)自动计量型。油品的体积量以及计量温度、计量压力等参数全部采用仪表进行连续计量和测定,油品密度值和含水率可通过自动取样装置实验室分析测定,由流量计算机(或流量积算仪,视频 4 - 5)计算出油品的体积、质量。或者,通过自动取样装置实验室分析测定油品含水率,自动测温和测压,采用质量流量计直接测量管输油品的质量。

视频 4-5　流量
计算机

(2)手工计量型。采用流量计计量油品的体积量,由人工定时取样测定油品密度值和含水率,并通过人工或自动测温和测压,对计量的油品体积量进行温度和压力修正,人工计算出油品的体积、质量。或者,通过人工定时取样实验室分析测定油品含水率,人工测温和测压,采用质量流量计直接测量管输油品的质量。

一、测压

(一)压力对油品计量的影响

油品的密度不仅与温度有关,还与压力有关。计量中尤其是油品在管道内在线计量时,管线内的油品具有较高的压力。压力高,油品受到压缩,其密度增大;压力小,油品膨胀,其密度减小。所以在进行油品的动态计量时,应考虑压力的影响,并进行压力修正。在一定的压力情况下,密度小的油品体积变化较大,密度大的油品体积变化较小。

(二)压力表的选择

压力表选择要合适,根据实际的压力进行选用,所选用的压力表测量范围不能过小或过大,精度为 0.4 级以上。

(三)注意事项

(1)安装压力表要在关闭阀门或隔断压力的情况下进行,不能让杂物进入压力表或阻隔压力表的测压元件;安装过程中不能振动和敲打压力表,安装后压力表接头无渗漏。压力表表盘方向要便于观察。

(2)启用压力表切勿速度过快,要缓慢打开阀门,让所测的压力液体慢慢进入压力表,避免冲击造成压力表的损坏。

(3)读取压力测试数据时,视线和表针成一水平位置并正对压力表表盘,估读到指示值的下一位。

二、测温

(一)选择温度计

输油管道因输送油料的数量和性质不同,管道直径和输油温度也有差异,测温时,选择温度计应符合下列要求。

1.符合精确度要求

用于油品计量的温度测量,应使用最小分度值为0.2℃(或更精确)的温度计。

2.合适的量程

输送油品种类、输油温度范围以及使用的场合不同,温度计的量程选择也会不同。例如,大庆原油输油温度在35~50℃之间;沈北原油输送温度在55~70℃之间,应选择与其温度范围相适应的温度计。即使是同一管道,首站至末站输油温度在变化,选用温度计的量程也可不同。

3.温度计的长度要尽量做到全浸

在管道直径太小又需要测温时,应在小工艺管道上接装一扩大管。

(二)感温元件在管道上的安装

(1)为确保测量的准确性,要正确选择测温点,测温点应具有代表性,不在死角区,尽量避开有电磁干扰的场合。

(2)为使感温元件能够充分感受液体的实际温度,合理地确定感温元件的插入深度。当保护管与管壁垂直或成45°安装时,保护管的端部应处于管道的中心区域内,该中心区域的直径为管道直径的1/3。如果保护管与管壁成一定角度或在肘管上安装时,其端部应对着工艺管道中介质的流向,如图4-25所示。

(3)使用水银温度计只能垂直或倾斜安装,并应观察方便,除直角水银温度计外不得水平安装,更不得倒装。

(4)热电偶、热电阻的接线盒出线孔应向下,以防因密封不良而使水汽、灰尘、脏物落入接线盒中影响测量。

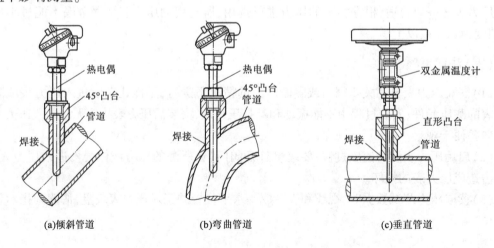

(a)倾斜管道   (b)弯曲管道   (c)垂直管道

图4-25 温度计的常见安装方法

(三)温度仪表的选择

温度仪表选择要合适,根据实际的温度进行选用,所选用的温度仪表测量范围不能过小或过大,温度仪表精度为0.5级以上。

(四)注意事项

(1)安装温度仪表时力度适中,避免温度表的振动,安装后表接头无渗漏,安装位置要便于观察。

(2)读取温度测试数据时,视线和温度计成一水平位置并正对温度表表盘,估读到指示值的下一位。

三、取样

(一)管线取样分类

分析化验用的试样是从一定数量的成批物料中采集少量物料,使其能有效地代表成批物料性质供分析化验使用的油品。

由于用途不同试样又可分为以下五类。

1.用以测定平均性质的试样

(1)组合样:按等比例合并若干个点样,所获得的组合样代表整个油品的试样。组合样常按规定的时间间隔从管道内流动的油品中采取的一系列相等体积的点样合并而得。

(2)间歇样:由在泵送操作的整个期间内所取得的一系列试样合并而成的管线样。

2.用以测定某一点性质的试样

(1)点样:在泵送期间按规定的时间从管线中采取的试样,它只代表石油或液体石油产品本身在这段时间局部的性质。

(2)取样:从管线中的最低点处采取油样。

(3)排放样:从排放活栓或排放阀门采取的试样。

3.等流样

在石油或液体石油产品通过取样口的线速度与管线中的线速度相等,取样器的方向与管线中整个流体流向一致时,从管线取样器采取的试样。

4.流量比例样

输送石油或液体石油产品期间,在其通过取样器的流速与管线中的流速成比例下的任一瞬间从管线中采取的试样。

5.时间比例样

输送石油和液体石油产品期间,定期从管线中采取的多个相等增量合并而成的试样。

(二)取样设备

对于在管内流动的石油和液体石油产品的取样,可采用安装在管线上的管道采样器,如图4-26所示。管道采样器入口中心点应在不小于管内直径1/3处,取样点应位于湍流范围内。原油动态取样过程见视频4-6。

(三)手动取样

手工取样时,必须先放空、冲洗,然后进行间隔取样,间隔为1min,油量为500mL。先缓慢打开取样器前阀门,摇动摇杆,放空冲洗管道,然后用取样容积进行取样。摇动速度均匀,不能过快,快到取样容积时要缓慢操作,取样后关闭阀门。记录取样日期、时间、地点、样品、编号及取样人;清洁取样场地。

(四)自动取样

采集分析化验用油品试样除用手工方法外,对管线输送的原油,需要采取代表性试样时,也可以采用自动取样的方法(视频4-6)。

视频4-6 原油动态取样

(a)AⅡ型管道采样器   (b)BⅡ型管道采样器

图4-26 管道采样器

原油自动取样系统由混合装置、取样器、取样控制器、样品接收器和样品容器等组成,如图4-27所示。原油自动采样器工作原理如图4-28所示,正在使用的自动取样器如图4-29(视频4-7)所示。

 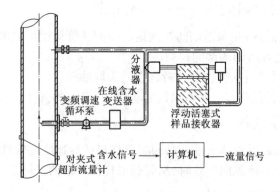

图4-27 原油自动采样器   图4-28 原油自动采样器工作原理

视频4-7 原油自动采样器

图4-29 正在使用的自动取样器

第三节　动态计量油量计算

我国油品贸易结算依据分为空气中的质量或体积量,因此,油量计算也分为两种方法:质量计量油量计算法和体积计量油量计算法。目前,国内以油品在空气中的质量作为贸易结算依据。

动态计量油量计算分为:液化石油气、稳定轻烃的油量计算;石油和液体石油产品(不含液化石油气和稳定轻烃)油量计算两大类。

一、液化石油气、稳定轻烃的油量计算

液化石油气、稳定轻烃的油量计算方法,可执行国家石油天然气行业标准 SY/T 6042—1994《液化石油气、稳定轻烃动态计量计算方法》。该标准规定了用体积量、密度值确定商品液化石油气和稳定轻烃质量的计算方法及技术要求。

该标准规定,被测介质的体积量用容积式流量计测量,密度值用在线密度计自动测量或用压力密度计手工测量。而采用在线密度计自动测量密度值时,适用于 $610 \sim 700 \mathrm{kg/m^3}$ 的密度范围;采用压力密度计手工测量密度值时,适用于 $610 \sim 700 \mathrm{kg/m^3}$(在温度为 15℃ 的条件下)的密度范围。质量计算基本公式如下所示。

(1)采用准确度等级不低 0.3 级容积式流量计配在线密度计(基本误差范围为 $\pm 0.0001 \mathrm{g/cm^3}$)确定质量流量,按下式计算:

$$m = \sum V_i \rho_i MF \qquad (4-8)$$

式中　m——通过流量计的液体质量,kg 或 t;

　　　V_i——流量计测量的体积量,$\mathrm{m^3}$;

　　　ρ_i——在线密度计测量的密度值,$\mathrm{g/cm^3}$;

　　　MF——流量计系数。

(2)采用手工测密度值确定质量流量,按下式计算:

$$m = V\rho C \qquad (4-9)$$

其中

$$C = MFC_{tl}C_{pl} \qquad (4-10)$$

$$C_{pl} = \frac{1}{1-(p-p_e)F} \qquad (4-11)$$

式中　m——通过流量计的液体的质量,kg 或 t;

　　　V——某段时间内流量计测量的累积体积量,$\mathrm{m^3}$;

　　　ρ——液体在 15℃ 和平衡蒸气压下的密度,$\mathrm{g/cm^3}$;

　　　C——综合修正系数;

　　　MF——流量计系数;

　　　C_{tl}——流量计中的流体受温度影响的修正系数,可查 SY/T 6042—1994 附录 B;

　　　C_{pl}——流量计中的流体受压力影响的修正系数;

　　　p——液体计量状态下的压力,kPa;

p_e——液体平衡蒸气压,kPa;

f——液态烃压缩系数,$10^{-6}kPa^{-1}$,F 值可通过 15℃时密度值和液态烃实际温度查"液态烃压缩系数表"得到。

注:①因为计量的质量是液体在平衡蒸气压下的质量,不能进行空气浮力修正。

②按该公式计算液体质量时,应先计算综合修正系数 C,然后计算密度 ρ 与综合修正系数 C 之乘积,最后计算质量 m。中间计算结果,修约到 4 位小数,最终计算结果修约到 3 位小数。

二、石油和液体石油产品的油量计算

GB/T 9109.5—2017《石油和液体石油产品动态计量 第 5 部分:油量计算》规定:油量计算采用的标准参比条件是:温度为 20℃,压力为 101.325kPa。

油品动态计量分为基本误差法和流量计系数法两类。贸易交接双方签订油量交接协议确定油量计算中采用基本误差法或者流量计系数法。

基本误差法是指流量计运行期间,如果其误差在允许的基本误差(±0.20%)限内,则流量计系数 MF 视为 1.0000,即不对流量计示值误差进行修正,所计算的油品体积量经温度、压力及扣除含水等修正后的数量即为贸易双方认可的交接数量。

流量计系数法是指在流量计计量期间,流量计所计量的体积量乘以流量计系数,还要经温度、压力等修正后得到的毛标准体积,将毛标准体积扣除含水后的净标准体积作为交接双方认可的油品交接数量(即体积量)。或将油品净标准体积乘以油品标准密度 ρ_{20},再乘以空气浮力修正系数 F_a,则得到油品在空气中视为净质量作为交接数量(即质量)。双方应在交接协议中明确流量计系数的具体确定方法和使用方法。

(一)体积量计算公式

1. 油品的净标准体积计算公式

$$V_{ns} = V_t \cdot (MF \cdot C_{tl} \cdot C_{pl}) \cdot (1 - SW) \qquad (4-12)$$

式中 V_{ns}——油品的净标准体积,m^3;

V_t——油品累积的指示体积,$V_t = V_{t2} - V_{t1}$,m^3;

MF——流量计系数(或称仪表系数),若采用基本误差法,则 $MF = 1.0000$;

C_{tl}——体积温度修正系数,($C_{tl} = V_{cF20}$,可查 GB/T 1885—1998 中表 60A),$℃^{-1}$;

SW——油品中的含水量,%;

C_{pl}——体积压力修正系数,kPa^{-1}。

体积压力修正系数 C_{pl} 计算公式如下:

$$C_{pl} = \frac{1}{1 - (p - p_e)F} \qquad (4-13)$$

式中 p——油品计量压力(表压),kPa;

p_e——油品计量温度下的饱和蒸气压,在计量温度下,饱和蒸气压不大于 101.325kPa 时,设 $p_e = 0$,kPa;

F——油品压缩系数,kPa^{-1}。

油品压缩系数 F 有以下两种计算方法:

(1)公式计算法：

$$F = e^x \times 10^{-6} \qquad (4-14)$$

$$x = -1.62080 + [21.592t + 0.5 \times (\pm 1.0)] \times 10^{-5} + 87096.0/\rho_{15}^2 +$$
$$0.5 \times (\pm 1.0) \times 10^{-5} + 420.92t/\rho_{15}^2 + 0.5 \times (\pm 1.0)10^{-5}$$

式中　t——油品计量下的温度，℃；

　　　ρ_{15}——油品在15℃时的密度，g/cm^3；

　　　(± 1.0)——当 $t \geqslant 0$ 时为 +1.0，当 $t \leqslant 0$ 时为 −1.0。

(2)查表法，即依据原油计量温度 t 和15℃时密度值，查 GB/T 9109.5—2017 标准中附录 C"烃压缩系数表"。

2.质量流量计体积量计算公式

$$V_{gs} = (m_g \cdot MF)/\rho_{20} \qquad (4-15)$$

式中　V_{gs}——油品的毛标准体积，m^3；

　　　m_g——在计量期间，油品累积的指示质量，kg；

　　　ρ_{20}——油品标准密度，kg/m^3。

油品的毛标准体积与净标准体积的关系见下式：

$$V_{ns} = V_{gs} \cdot (1 - SW) \qquad (4-16)$$

(二)空气中质量计算公式

动态计量空气中质量按计量方式分为三种，一是以体积计量的流量计配玻璃浮计；二是以体积计量的流量计配在线密度计，通常配备流量计算机；三是直接显示质量计量结果的质量流量计。

1.流量计配玻璃浮计油量计算公式

$$m_{nw} = V_{ns} \cdot (\rho_{20} \cdot F_a) \qquad (4-17)$$

式中　m_{nw}——油品在空气中的净质量，kg；

　　　F_a——空气浮力修正系数(或称真空中质量换算到空气中的换算系数，由 ρ_{20} 通过查表确定)。

也可用 $(\rho_{20} - 1.1)$ 代替 $(\rho_{20} \cdot F_a)$，有争议时，建议采用 $(\rho_{20} \cdot F_a)$。

2.流量计配在线密度计油量计算公式

通过流量计算机、质量仪表累积的油品指示确定质量 m_g，计算空气中净油质量 m_{nw}：

$$m_{nw} = m_g \cdot MF \cdot F_a \cdot (1 - SW) \qquad (4-18)$$

式中　m_g——在计量期间，油量累积的指示质量，kg。

3.质量流量计油量计算公式

对于设置成质量输出的科氏力质量流量计，其所指示的是质量，计算公式同式(4-18)。

第四节　流量计在线检定

流量计的在线检定是根据国家计量局颁布的各种流量计的检定规程进行的。目前所应用的流量计，除标准节流装置不必进行实验检定外，其余的流量计在使用过程中，必须按照相关检定规程定期进行检定。

《中华人民共和国强制检定的工作计量器具目录》中,列入国家强制检定目录的石油计量器具见表 4－1。

表 4－1 石油计量表

质量流量计	2 年(贸易结算的 1 年)	JJG 897—1995
液体容积式流量计(腰轮流量计、椭圆齿轮流量计等)	1 年(贸易结算及优于 0.5 级的为半年)	JJG 667—2018
速度式流量计(涡轮流量计、旋涡流量计等)	半年(0.5 级及以上);2 年(低于 0.5 级)	JJG 198—1994

根据 GB/T 9109.1—2016《石油和液体石油产品动态计量 第 1 部分:一般原则》规定:

(1)流量计宜采用在线实液检定。

(2)如果流量计检定和工作时使用的液体具有基本相同的性质,且使用条件接近,可采用离线检定。如果检定的操作条件存在一项或多项参数差别,应采用在线实液检定。

(3)流量计在线实液检定主要采用在线安装固定式体积管和移动式标准装置两种方式。设计时应综合考虑流量计类型、流量计口径、流量计台数、地理位置等因素,以经济合理的原则选择检定方式。

(4)配备固定式体积管的计量站,应配置体积管水标定系统。

一、计量系统配置示意图

用流量计计量原油、成品油计量站主要由计量单元、品质分析单元、检定单元等组成,相应的计量器具配备也应该符合相应规范和标准的要求。图 4－30 是以配备 3 用 1 备 4 台涡轮流量计为例的计量系统配置示意图。

二、外输计量站工艺流程(以原油为例)

原油计量站的工艺流程一般由三部分组成,即油量计量系统、流量检定系统和污油系统。图 4－31 是一个典型的原油外输计量站工艺流程图。这个流程图内包括 4 台流量计、2 台密度计、2 台含水分析仪的原油计量系统,还有 1 台标准体积管及其标定设备组成的计量检定系统,以及污油罐、污油泵、污油管线组成的污油系统。

原油计量的其他工艺设备还有阀门、机泵等,这些工艺设备的选用主要是根据工作压力、工作温度、介质、流量大小等条件选择确定的。

(一)油量计量的工艺流程

油量计量的工艺流程内主要包括流量计、密度计、原油含水分析仪、消气器和过滤器等辅助设备。

为保证流量计正常地运行,在流量计前面要安装过滤器,在过滤器的前后安装压力表以监视过滤器堵塞情况,以便及时清洗过滤器。

为了保证流量计的计量准确度,在流量计前需配套安装消气器(彩图 4－5),将原油沿管线流动中出现的气体在消气器中全部排除。

原油密度计通常选用振动管液体密度计。振动管液体密度计是旁接在主管路上的,一般是从流量计管线的进口阀门前接出,在过滤器的

彩图4-5 消气器

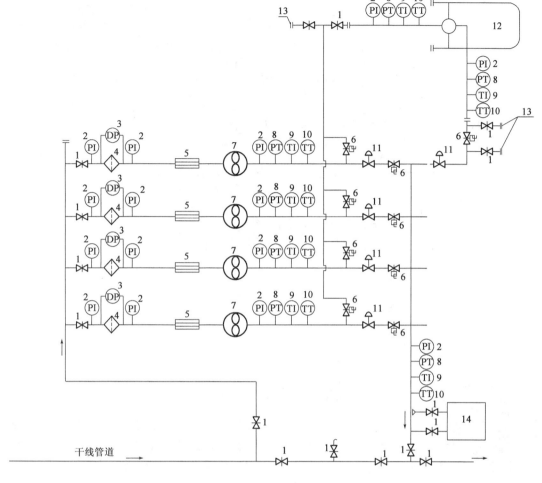

图 4 - 30　计量系统配置示意图

1—截断阀;2—压力表;3—差压变送器;4—过滤器和/或消气器;5—直管段/整流器;6—双截断排放阀(DBB 阀)
或强制密封阀;7—流量计;8—压力变送器;9—温度计;10—温度变送器;11 流量调节阀;12—体积管;
13—体积管检定接头及双截断阀;14—石油品质分析测量系统

后边再回到主管路上,这样可利用过滤器前后压力差使液体进入密度计,保证密度计正常运行,同时使进入密度计的油经流量计进行计量。

振动管液体密度计应垂直安装,液体一般从下部进入,从上部流出。密度计应安装在比较牢固、免受外部振动干扰的位置上。为了使进入密度计的油温与主管路油温尽量一致,密度计旁接管路要认真严格保温。

密度计的进出口处都应安装清洗和检定用的阀门,以保证清洗和检定工作的正常进行。特别是当计量的油品容易结蜡时,在工艺上应考虑定期对密度计进行清蜡的方法。目前主要采用热水、蒸汽和热油循环等清蜡方法,这要根据现场条件选用。

目前在国内应用的在线原油低含水分析仪主要有电容法和射频法两类,前者需旁路安装,后者可插入管道式安装。

电容法原油低含水分析仪的工艺安装与密度计的安装相似。射频法原油低含水分析仪要安装在计量主管路的弯头处,探头迎着来液方向安装。

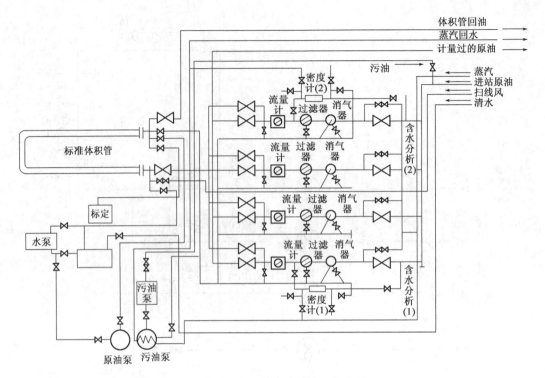

图 4 - 31   原油外输计量站工艺流程

(二)流量检定系统工艺流程

视频4-8　体积管

较大规模的计量一般要设置固定式的标准体积管,以便对流量计定期进行检定或随时进行监督检定。流量检定系统工艺主要包括连接体积管的阀组和体积管自身标定设备,如图 4 - 32(视频 4 - 8)所示。

在流量计出口侧安装两个阀门,一个是计量出口阀门,另一个是通向体积管的标定阀门,正常计量期间,标定阀关闭,当需要检定时,计量出口阀关闭,标定阀打开,流经流量计的油进入体积管,体积管的出口端汇入流量总出口。

图 4 - 32   中国石油某油田原油外输计量系统——固定式的标准体积管

当体积管标定以水作介质,以标准容器作为标准时,必须设置 2 台标准容器,设置水罐储水,以及相应水泵及管路,以构成水罐—水泵—体积管—柴油罐的水循环系统,如图 4 - 33 所示(视频 4 - 9)。

图4-33 中国石油某油田原油外输计量系统——标准容器

在线的标准体积管需要标定时,应首先对其进行清洗,清洗介质一般采用柴油,因此,标定工艺中应设置柴油储罐、泵及体积管,以构成柴油—泵—体积管—柴油罐的油循环系统。通常柴油泵与水泵共用。

视频4-9 水罐

(三)清扫排污系统

当流量计、密度计、体积管等设备需要维修,或体积管需要检定,密度计需要清蜡时,需要对管线设备进行扫线排污,因此在计量和检定工艺系统内需要设置清扫排污系统。

清扫系统一般由空气压风机及其管线构成,排污系统是连接主要排污设备和管线的排污管线,并汇集于污油罐,排污系统中应设污油油泵系统,以便污油罐满时将污油重新泵入管线内。

思考题

1.什么是流量、瞬时流量和累积流量?其计量单位是什么单位?举例写出两种不同的流体流量的计量单位。

2.什么是流量计?它有哪些分类?

3.什么是容积式流量计?简述刮板流量计工作原理。

4.什么是速度式流量计?试述涡轮流量计工作原理。

5.什么是质量流量计?简述质量流量计工作原理。

6.根据用途不同,试样可以分为哪几类?

7.简述各种流量计的特点。

8.油量计量系统主要包括哪些设备?

第五章 油品损耗

油品在储运与经营的过程中,其数量非使用性的减少称为油品损耗,油品损耗不但直接影响企业的经济效益,而且还会对环境造成污染。因此,在实际生产中,了解油品损耗发生的机理,学会利用损耗统计理论对油品损耗进行管理与控制,对于提高油品生产、储运、销售企业的经济效益,保证安全生产来说至关重要。

第一节 油品损耗分类

油品损耗包括自然损耗和事故损耗。

油品在加工、储运过程中,由于受到技术水平及设备的限制,不可避免地有一部分比较轻的液态组分汽化,溢入大气,脱水时带走油品,各种设备的黏附、浸润以及清洗储罐等操作过程中发生的损耗,称为自然损耗。

由于操作人员的责任心不强、操作失误、生产管理不善或设备检修不及时等原因造成的油品的跑、冒、串、混等事故造成的油品大量损失,称为事故损耗。

油品损耗的分类如图 5-1 所示。本节只介绍几种常见的蒸发损耗。

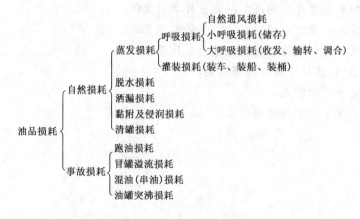

图 5-1 油品损耗的分类

蒸发损耗是指油品由于自然蒸发而造成的数量上的损失。它是油品损耗中最大的一种损耗,约占整个油品储运损耗的70%~80%。影响蒸发的因素主要有油品组成、温度、蒸发面积以及容器状况等。除此以外,还受作业完善程度的影响。

油品中各组分的蒸发性能并不相同,其中的轻质成分更易于蒸发,含量越多,油品的蒸发速度就越快,如溶剂油、汽油、石脑油、苯等。此外,原油中的轻质成分含量也较高,因此也会蒸发。

对同一种油品来说,温度的高低是决定蒸发速度的重要因素。温度越高,油品就蒸发得越剧烈。同时,随着温度的升高,容器中气体空间的压力也会增加,最终会使得呼吸阀打开,大量油蒸气排出罐外。

在密闭的容器中,随着油品的蒸发,气体空间中的油蒸气必须达到一定的数量才不再增多,这个数量的大小是由温度高低决定的。此时,在单位时间内蒸发出来的分子数与返回液体的分子数相等,油蒸气与液体保持动态平衡,这种状态称为饱和,此时油蒸气的压强称为饱和蒸气压。饱和蒸气压是直接说明空间中单位体积内油气数量多少的物理量,它只和液体的种类及温度有关。不同的液体,越容易蒸发的,其饱和蒸气压也越大;同种液体,随温度升高,其饱和蒸气压也随之变大。

由于蒸发只发生在液体和气体的界面上,所以液体裸露的表面积越大蒸发越快。此外,蒸发还与储油容器状况有关。承压能力较低或密封不严的储罐,油气很容易逸出罐外,使罐内的压强降低,这样就会使蒸发速度加快。

油品的蒸发损耗按照引起油气排出罐外的原因,可分为自然通风损耗、小呼吸损耗、大呼吸损耗等三种情况。

一、自然通风损耗

如果装油容器上部有孔隙,随着容器内部或外部气压的波动,油气就会自孔隙排出或空气被吸入。如果孔隙不止一个,就会因空气流动而形成自然通风,空气从一个孔隙吹入而油气从另一孔隙被吹出。当孔隙分布在不同高度时,还会因高差而产生的气压压差使油气从低处孔隙被排出,空气从高处孔隙吸入。油气排出和空气吸入,都会使容器内的油蒸气浓度降低,结果又使油品不断地蒸发,形成恶性循环。这样产生的损耗,称为自然通风损耗。

自然通风损耗的数量是不可忽视的。例如,两孔隙高度相差0.5m,孔隙面积为1cm³,以汽油储罐为例,油气浓度为30%,那么可以算出每昼夜因压强差而排出的油气将达12kg。如果有风,损耗数量还会更大。

容器上的孔隙,有些是因设备状况不良而产生的,如锈蚀、接缝不严、密封垫缺损、呼吸阀阀盘失灵,以及为安装附件而留的孔眼等;有些则与操作有关,如量油口盖忘记盖严等。

二、小呼吸损耗

小呼吸损耗是指储罐未进行收发油作业时,油面处于静止状态,油蒸气充满储罐气体空间。日出之后,随着大气温度升高和太阳辐射强度增加,罐内气体空间和油面的温度上升,气体空间中的混合气体积膨胀,加之油品加剧蒸发,从而使混合气体的压力增加。当罐内压力增加到呼吸阀的控制压力时,呼吸阀的压力阀盘打开,油蒸气随着混合气呼出罐外。午后,随着大气温度降低和太阳辐射强度减弱,罐内气体空间和油面的温度下降,气体空间的混合气体积收缩,甚至伴有部分油气冷凝,因此气体空间压力降低。当罐内压力低至呼吸阀的控制真空度时,呼吸阀的真空阀盘打开,吸入空气。此时虽然没有油气逸入大气,但由于吸入的空气冲淡了气体空间的油气浓度,促使油品加速蒸发。其结果不仅削弱了温降使罐内压力下降的幅度,同时也使气体空间的油气浓度迅速回升。新蒸发出来的油气又将随着次日的呼出逸入大气。这种在储罐静止储油时,由于罐内气体空间温度和油气浓度的昼夜变化而引起的损耗称为储罐的静止储存损耗,又称储罐的小呼吸损耗。小呼吸损耗的呼气过程多发生在每天日出后的1~2h至正午前后。吸气过程多发生在每天日落前后的一段时间内,这段时间正是气体空间温度急剧下降的阶段,此后至次日日出前,尽管气体空间温度仍在不断下降,但由于吸入空气后油品加速蒸发,油气分压的增长抵消了温度降低的影响,因而储罐很少再吸气。一般来说,每天的呼气持续时间比吸气的持续时间长。

除此之外,当大气压力发生变化时,罐内外气体的压力差也随着发生变化,如果内外压差等于呼吸阀的控制压力时,也会使压力阀盘打开而呼出混合气体。由此而产生的油品损耗也属于静止储存损耗。但由于昼夜间大气压力变化不大,比起温度变化而造成的损耗小得多,因而在实际计算中很少考虑它的影响。

影响小呼吸损耗的因素很多,主要有以下几点:

(1)与昼夜温差变化大小有关,昼夜温差变化越大,小呼吸损耗越大;反之损耗也小。

(2)与储罐所在地的日照时间有关。日照越长,小呼吸损耗越多,反之则损耗越少。

(3)与储罐大小有关。储罐越大,截面积越大,蒸发面积也越大,小呼吸损耗也越大,反之,储罐小,蒸发面积小,小呼吸损耗也小。

(4)与大气有关。大气压越低,小呼吸损耗越大,反之则损耗越少。

(5)与储罐装满程度有关。储罐装满气体空间容积小,小呼吸损耗就少;空间容积大,损耗也大。

此外,小呼吸损耗也和油品性质(如沸点、蒸气压、组分含量等)及油品管理水平等因素有关,因此利用公式计算小呼吸损耗有很大的局限性,通常是以计量实测数据作为储罐静止储存损耗量较为准确。

三、大呼吸损耗

储罐在进行收发作业(包括卸油、输转、发油等)时,由于油面的升降变化引起储罐内气体空间变化,进而带来气体压力的升降变化,使混合油气排出或外界空气吸入,这个过程所造成的损耗称为储罐大呼吸损耗,有时也称储罐动态损耗。

当储罐收油时,随着油面上升,气体空间的混合气受到压缩,压力不断升高,当罐内混合气的压力升到呼吸阀的控制压力时,压力阀盘打开,呼出混合气体。储罐发油时,随着油面下降,气体空间压力降低,当气体空间压力降至呼吸阀的控制真空度时,真空阀盘打开,吸入空气。吸入的空气冲淡了罐内混合气的浓度,加速了油品的蒸发,因而发油结束后,罐内气体空间压力迅速回升,直至打开压力阀盘,呼出混合气。储罐收油过程中发生的损耗称为收油损耗;发油后由于吸入的空气被饱和而引起的呼出称为回逆呼出。尽管后者发生于液面静止状态,但由于它是发油作业引起的,因而也属于动液面损耗的范畴。

类似,向敞口容器(如罐车、油桶)灌装易挥发石油产品时发生的油品损耗也属于动液面损耗,习惯上根据所灌装的容器称为装车损耗、灌桶损耗等。浮顶储油罐发油后由于黏附于罐壁的油品蒸发而造成的油品损耗则称为浮顶罐的黏附损耗。

如果油品是在两个储罐间输转,则发油储罐液面不断下降,罐空增加,负压值不断增大直至吸入空气,而收油储罐液面不断上升,罐空减少,压力增大直至油气排出。因此,在油品输转时,大呼吸损耗在两个罐间是同时发生的,通常也可用输转损耗来表示。

影响大呼吸损耗的因素也很多,最主要的有以下几点:

(1)与油品性质有关。油品密度小,轻质组分越多,损耗越大;蒸气压越高,损耗越小;沸点越低,损耗越大。

(2)与收发油快慢有关。收油、发油速度越快,损耗越大;反之,损耗越小。

(3)与罐内压力等级有关。常压敞口罐大呼吸损耗最大。

(4)与储罐周转次数有关,储罐收发越频繁,则大呼吸损耗越大。

除此以外,大呼吸损耗还和储罐所处地理位置、大气温度、风向、风力、湿度及油品管理水平等诸多因素有关。因此,利用公式计算储罐大呼吸损耗也有很大的局限性。在生产管理和科研实验中,多以计量实测数据为准。

第二节　油品损耗统计

油品损耗是因为不可避免的蒸发和少量洒漏而产生的,如果想根据蒸发和洒漏等损耗现象的实际情况来计算油品损耗量,那是极为复杂和困难的,在实际工作中无法实行。因此生产中,在对油品损耗进行统计计算时,实际是按油品储运的作业环节对损耗进行分类,即将损耗分为保管损耗、运输损耗和零售损耗三大类,前两大类又按作业情况各分为几项,而后再分类计算,这样使损耗的统计计算更加方便,在实际中得到了广泛的应用。

一、 保管损耗

保管损耗是指油品从入库到出库整个保管过程中发生的损耗,保管损耗包括储存、输转、装、卸和灌桶等五项损耗。在计算保管损耗时,发生了哪项作业,就计算哪项损耗。

(一)储存损耗

储存损耗指单个储罐在不进行收发作业时,因储罐小呼吸而发生的油品损失。其损耗量与月损耗率按下式计算:

储存损耗量 = 前次油罐计量数 – 本次油罐计量数

月储存损耗率 = 月累积储存损耗量/月平均储存量×100%

月平均储存量 = (储量$_1$×天数$_1$ + 储量$_2$×天数$_2$ +⋯) ÷ (天数$_1$ + 天数$_2$ +⋯)

GB 11085—1989《散装液态石油产品损耗》对储存损耗率的要求见表 5 – 1。地区划分:

A 类地区:江西、福建、广东、海南、云南、四川、湖南、贵州、台湾、广西、重庆。

B 类地区:河北、山西、陕西、山东、江苏、浙江、安徽、河南、湖北、甘肃、宁夏、北京、天津、上海。

C 类地区:辽宁、吉林、黑龙江、青海、内蒙古、新疆、西藏。

表5-1 储存损耗率(按月计算)　　　　　　　　　　　　　　单位:%

地区	立式金属罐			隐藏罐、浮顶罐
	汽油		其他油	不分油品和季节
	春冬季	夏秋季	不分季节	
A 类	0.11	0.21	0.01	0.01
B 类	0.05	0.12		
C 类	0.03	0.09		

注:1. 卧式罐的储存损耗率可以忽略不计。

2. 高原油库储存损耗率海拔高度修正见表5-2。

表5-2 储存损耗率海拔高度修正表

海拔高度,m	1001~2000	2001~3000	3001~4000	4000 以上
增加损耗,%	21	37	55	76

季节的划分:

A、B 类地区:每年 1—3 月、10—12 月为春冬季;4—9 月为夏秋季。

C 类地区:每年 1—4 月、11—12 月为春冬季;5—10 月为夏秋季。

【例5-1】 5 号储罐 5 月份盘点累积损耗 5000kg,储存量 3000t 有 6 天,800t 有 5 天,2800t 有 3 天,1200t 有 6 天,3100t 有 10 天,两次输转损耗分别为 1600kg 和 1500kg,求储存损耗率。

解:扣除输转损耗后,月累积储存损耗量为

$$5000 - 1600 - 1500 = 1900(kg)$$

月平均储存量为

$$(3000 \times 6 + 800 \times 5 + 2800 \times 3 + 1200 \times 6 + 3100 \times 10) \div (6 + 5 + 3 + 6 + 10) \approx 2286.667(t)$$

储存损耗率为

$$(1900/2286667) \times 100\% \approx 0.08\%$$

【例5-2】 2 号储罐 2000 年 3 月 1 日储油 2300000kg,3 日晚输走 600000kg,输转损耗 650kg,12 日晚开始卸收油轮,至 14 日已实收 2100000kg,21 日晚发油船 1800000kg,装船损耗 2480kg,27 日又转入 600000kg,月底盘点累积损耗 4950kg。求储存损耗率。

解:扣除输转损耗和装船损耗后,月累积储存损耗量为:4950 - 650 - 2480 = 1820(kg)

储油量 2300000kg 有 3 天

储油量 2300000 - 600000 = 1700000(kg),有 12 - 3 = 9(天)

储油量 1700000 + 2100000 = 3800000(kg),有 21 - 13 = 8(天)(13 日一整天处于收油状态)

储油量 3800000 - 1800000 = 2000000(kg),有 26 - 21 = 5(天)

储油量 2000000 + 600000 = 2600000(kg),有 31 - 26 = 5(天)

注:根据经验,一般在收或付油时,若在一整天以上就扣除天数,不够一天则不扣除。

月平均储存量为

$$(2300000kg \times 3 + 1700000kg \times 9 + 3800000kg \times 8 + 2000000kg \times 5 + 2600000kg \times 5)/(3 + 9 + 8 + 5 + 5) = 2520000kg$$

储存损耗率为$(1820/2520000) \times 100\% \approx 0.072\%$

(二)输转损耗

输转损耗是指油品从某一储罐输往另一储罐时,因储罐大呼吸而产生的油品损耗。其损耗量与损耗率按下式计算:

输转损耗量 = 付油储罐付出量 – 收油储罐收入量

输转损耗率 = (输转损耗量/付油储罐付出量) ×100%

GB 11085—1989《散装液态石油产品损耗》对输转损耗率的要求见表5 – 3。

表5 – 3　输转损耗率　　　　　　　　　　　　　　　单位:%

地区	汽油				其他油
	春冬季		夏秋季		不分季节、罐型
	浮顶罐	其他罐	浮顶罐	其他罐	
A 类		0.15		0.22	
B 类	0.01	0.12	0.01	0.18	0.01
C 类		0.06		0.12	

注:本表中的罐型均指输入罐的罐型。

【例5 – 3】　两储罐间输油,5 号储罐付油1352002kg,6 号储罐收到油1351520kg,求输转损耗率。

解:输转损耗量为1352002 – 1351520 = 482(kg)

输转损耗率为(482/1352002) ×100%≈0.04%

(三)装、卸损耗

装、卸损耗是指油品从储罐装入铁路罐车、油船(驳)、汽车储罐等运输容器内和将油品从运输容器卸入储罐时,因大呼吸及油品挥发和黏附而发生的损耗,其损耗量与损耗率按下式计算:

装、卸油品损耗量 = 付油容器付出量 – 收油容器收入量

装、卸油品损耗率 = (装、卸油损耗量/付油容器付出量) ×100%

GB 11085—1989《散装液态石油产品损耗》对装车(船)、卸车(船)损耗率的要求见表5 – 4 和表5 – 5。

表5 – 4　装车(船)损耗率　　　　　　　　　　　　　单位:%

地区	汽油			其他油
	铁路罐车	汽车罐车	油轮油驳	不分容器
A 类	0.17	0.10		
B 类	0.13	0.08	0.07	0.01
C 类	0.08	0.05		

表5 – 5　卸车(船)损耗率　　　　　　　　　　　　　单位:%

地区	汽油		煤、柴油	润滑油
	浮顶罐	其他罐	不分罐型	
A 类		0.23		
B 类	0.01	0.20	0.05	0.04
C 类		0.13		

注:其他罐包括立式金属罐、隐蔽罐和卧式罐。

【例 5 - 4】　某储罐向油船装油 1830000kg,装船定额损耗率为 0.07%,求装油定额损耗量。

解:损耗量 = 1830000 × 0.07% = 1281(kg)

(四)灌桶损耗

灌桶损耗是指灌桶过程中油品的挥发损耗,其损耗量与损耗率按下式计算:

$$灌桶损耗量 = 油罐付出量 - 油桶收入量$$
$$灌桶损耗率 = (灌桶损耗量/油罐付出量) × 100\%$$

GB 11085—1989《散装液态石油产品损耗》标准对灌桶损耗率的要求见表 5 - 6。

表 5 - 6　灌桶损耗率　　　　　　　　　　　　　　　单位:%

油品	汽油	其他油
损耗率	0.18	0.01

二、运输损耗

(一)原油的运输损耗

对于原油,运输损耗也可称为途耗,在原油途耗的统计中不区分水路、公路、铁路或管道输送的方式,而是按月进行计算。

原油途耗量 = 当月供方发出原油提单总量 - 当月原油进厂第一个计量点的实收总量

原油途耗率 = (当月原油途耗量/当月供方发出原油提单总量) × 100%

供方确定提单量的计量点以原油购销合同为准。如果当月供方已将原油发出,但因路途较远,当月(截止到月底)这批原油没有到厂,即在途中,计算时将此批原油的提单量从总量中扣除,列入下月一并计算。

(二)散装液态石油产品的运输损耗

对于散装液态石油产品,运输损耗是指从发货点装入车、船起,至车、船到达卸货点止,整个运输过程中发生的损耗,运输损耗包括铁路和公路运输损耗、水上运输损耗等。

1. 铁路罐车和公路运输损耗

铁路罐车和公路运输损耗指油品装车计量后至收站计量验收止,在运输途中发生的损耗。其损耗量与损耗率按下式计算:

$$运输损耗量 = 起运前罐车计量数 - 卸货前罐车计量数$$
$$运输损耗率 = (运输损耗量/起运前罐车计量数) × 100\%$$

【例 5 - 5】　用铁路罐车装运一批汽油,起运前罐车计量数为 207472kg,到达后罐车计量数 207150kg,定额运输损耗率为 0.24%,运输损耗是否超过了定额损耗?

解:运输损耗量为 207472 - 207150 = 322(kg)

运输损耗率为(322/207472) × 100% ≈ 0.16% < 0.24%

运输损耗未超过定额损耗。

【例 5 - 6】　用油罐车装运汽油,起运前经储罐计量装车量为 11203kg,到达卸油后经储罐计量为 11170kg,装车定额损耗率为 0.08%,卸车定额损耗率为 0.20%,求运输损耗率。

解:起运前罐车装存量为 $11203 \times (1 - 0.08\%) \approx 11194(kg)$

卸货前罐车装存量为 $11170/(1 - 0.20\%) \approx 11192(kg)$

运输损耗量为 $11194 - 11192 = 2(kg)$

运输损耗率为 $(2/11194) \times 100\% \approx 0.02\%$

2. 水上运输损耗

水上运输损耗指油品装入油轮、油驳起,至油轮、油驳到达卸油点止,整个运输过程中发生的损耗。其损耗量与损耗率按下式计算:

$$水上运输损耗量 = 发货量 - 收货量$$

因为目前船驳计量仍存在一定的困难,所以水上运输在计算装卸数量时,都是以岸罐计量数为准。水上运输损耗量也是通过储罐计量数计算的,即

发货量 = 发油油罐计量数 - 装船定额损耗量 = 发油油罐计量数 × (1 - 装船定额损耗率)

收货量 = 收油罐收入量 + 卸船定额损耗量 = 收油罐收入量/(1 - 卸船定额损耗率)

运输损耗率 = (运输损耗量/发货量) × 100%

卸货时,如果通过过驳转运入库的,收货量的计算公式为

收货量 = 收油罐收入量 + 2 × 卸船定额损耗量 + 短途运输损耗量

其中,短途运输损耗量指的是里程 500km 以下的定额水运运输损耗率乘以储罐收入量(因每次过驳时的发货量难以确定)近似计算出来的。

GB 11085—1989《散装液态石油产品损耗》对运输损耗率的要求见表 5-7。

单位:%

表 5-7　运输损耗率

运输方式 运输里程 油品种类	水路运输			铁路运输			公路运输	
	500km 以下	500~ 1500km	1501km 以上	500km 以下	501~ 1500km	1501km 以上	50km 以下	50km 以上
汽油	0.24	0.28	0.36	0.16	0.24	0.3	0.01	每增加 50km,增加 0.01,不足 50km 按 50km 计算
其他油	0.15			0.12				

注:水运在途 9 天以上,自超过日起,按同类油品立式金属罐的储存损耗率和超过天数折算。

【例 5-7】 用油轮装运柴油,装货时储罐计量数为 3936051kg。到达后用油驳转运入库,储罐收入量 3910255kg,装船定额损耗率为 0.01%,卸船定额损耗率 0.05%,水运定额损耗率为 0.15%,求运输损耗率。

解:发货量为 $3936051 \times (1 - 0.01\%) \approx 3935657(kg)$

收货量为 $3910255 \times (1 + 2 \times 0.05\% + 0.15\%) \approx 3920031(kg)$

运输损耗量 $3935657 - 3920031 = 15626(kg)$

运输损耗率为 $(15626/3935657) \times 100\% \approx 0.40\%$

三、　零售损耗

零售损耗是指零售商店、加油站在小批量付油过程和保管过程中发生的油品损失。其损

耗量和损耗率按下式计算：

$$零售损耗量 = 月初库存量 + 本月入库量 - 本月出库量 - 月末库存量$$

$$零售损耗率 = (当月零售损耗量/当月付出量) \times 100\%$$

GB 11085—1989《散装液态石油产品损耗》对零售损耗率的要求见表5-8。

表5-8　零售损耗率　　　　　　　　　　　　　单位:%

零售方式	加油机付油			量提付油	称量付油
油品	汽油	煤油	柴油	煤油	润滑油
损耗率	0.29	0.12	0.08	0.16	0.47

注:本表中的罐型均指输入罐型。

第三节　损耗管理

一、虚假盈亏及查找

(一)虚假盈亏的概念

从前面介绍的各项按环节分类的损耗数量计算公式可以发现,在油品损耗的管理和统计计算中,都是通过对作业前后油品数量的两次测量计算所得的静态数值相减来求得损耗数量的。但是在两次静态计量之间的这段时间内,除了正常的损耗之外,还有可能发生非正常的、上述损耗发生原因之外的油品损失。例如,应该避免而未能避免的跑冒滴漏,容器和设备的未知泄漏,管线阀门和油舱之间串油,甚至发生窃用和盗卖等。另外,因受技术水平和测量条件的限制以及计量操作中疏忽大意的影响,油品的计量数值本身也存在着一定的误差,不能反映真实的数量。所以,这些因素都未被计算损耗量的计算公式包容在内,使得公式计算出来的数量并非是真正合理的损耗量。有时因额外的丢失和差错使作业前后的差量很大而实际损耗并不大,有时又因计量不准确使计算量有盈余而实际却是亏损了很多。这种情况,就是计量工作中通常所说的虚假盈亏。

虚假盈亏歪曲掩盖了损耗的真实情况,给油品的结算和管理带来了混乱。它不仅使企业或某一交接方受到了不应有的经济损失,而且还使我们难以发现工作上的差错、管理上的薄弱环节以及容器设备使用上的缺损和失误。因此,在损耗管理工作中不能只是简单地计算和统计差量,还应该对算出的损耗量加以分析、检查,找出其中的虚假成分,使油品计量数据更加合理、准确。

(二)虚假盈亏的查找

检查不正常的虚假盈亏,实际上就是对计量的全过程进行差错查找,这可以从油品的体积、温度和密度三个方面进行。

1.从油品体积上检查

(1)容量表不准。对于储罐来说,可能是检定数据有差错或编表时有计算错误,也可能是编表方法不当或容量表有缺陷。例如,底部容积按均匀变化处理,缺少零位死量,浮顶罐的非计量段范围偏移,容量表超期使用等;对铁路罐车来说,可能是容量表号标错或查错;对于油船的舱容表更应注意其是否在有效的检定周期内。有的船方有两套舱容表,在收油时用大的舱容表,在发油时用小的舱容表。在这些情况下,都需要对所用的容量表做仔细的检查和复核。当油品体积存有疑问时,一般总是首先审阅容量表、复核查表数据和油品体积计算过程。

(2)油品高度测量出错。例如,检尺操作动作是否规范、读数准确、工具完好等,这可以通过复测来检查。

(3)罐底存在影响液高测量的变化。例如,计量基准板有移动,计量基准点积有杂物或锈蚀凹陷,罐底受压后有较大的起伏变形等,这些情况,有的可以通过复核总高来发现和纠正,有的可能需要经过很细致复杂的排查才能发现。

(4)大储罐做小批量的收发时,将会有较大的误差。例如,储罐检定的总不确定至少为0.1%,即使是1000m³的容量,误差也达1m³以上,如果只收发100m³,误差就是1%,那就不能允许了。应该提倡尽量用小罐收发小批量油品。

(5)管线中的存油量在作业前后有变化将使计量结果不准。发油后罐内液面低于管口或因阀门关闭不当会把管线抽空,把应该填充管线的油发了出去(前满后空);或者原先空的管线被应该发给用户或收进罐内的油品充满(前空后满)。两种情况都会造成计量差错,此时应判断管线的填充情况并修正计量结果。必要时应该在输油记录单上注明管线状况。较为妥当的做法是,在输油作业中进行阀门和油泵操作时注意其启闭次序,在罐中液面接近管口时即停止泵油,避免改变管线中的充满情况。

(6)防止窜油。尤其在两个以上储罐各自同时有收发作业时,如果发现超差,就应怀疑有窜油的可能。

(7)注意检查车船等运输容器中的余油是否卸净。

(8)用浮顶罐计量时要考虑浮顶的起浮状态,并注意液面是否落进不可计量段内。

(9)浮顶罐内的底部积水进入导向管内将会影响测量结果,要注意导向管内外的水高是否一致。

2. 从温度测量上检查

一般情况下,在油品有动态作业的一段时间之内,油品与外界的热交换量比起油品本身的热容量来说相对较小,可以忽略。因此,当容器里的油品未加入其他油品时,如发油时或空容器装油时,油温变化应该是很小的。如果容器里有存油,再输入温度不同的另一批油,此时混合以后的油温应该是原先两批油品温度的加权平均值。如设 t_1、m_1 为存油的温度和质量,t_2、m_2 为进油的温度和质量,那么混合后的温度应该为

$$t = (m_1 t_1 + m_2 t_2)/(m_1 + m_2) \tag{5-1}$$

如果实测油温与上述情况相差较大,就应该检查是否存在差错或特殊情况,并进行必要的处理。一般油温上发生差错可能有以下原因:

(1)读错温度或测温盒提起、温度计读数的速度太慢。

(2)温度计失准(如水银柱断裂、玻璃破裂、超期使用等)。

(3)温度计未放在规定的测温位置进行测量。

(4)未使用或者未正确使用温度计证书上给出的检定修正值。

（5）量油口是否开在不适当的位置，如量油口离罐壁太近而使测得的温度受到外界太大的影响，不能反映罐内真实的温度。

（6）必要时可以分层、多点测量油温，这样就可以在罐内油温有分层现象时测得具有代表性的温度。

3. 从密度上检查

与油温的情况类似，容器内的油品在没有因收油而增加时，其密度不应有明显的变化。收油以后，则可以计算两批油品密度的加权平均值（混合密度）再与实测进行比较。如设 ρ_1、V_1 为存油的密度和体积，ρ_2、V_2 为进油的密度和体积，那么混合密度为

$$\rho = (V_1\rho_1 + V_2\rho_2)/(V_1 + V_2) \tag{5-2}$$

发现密度有较大的差异时，也需要进行检查，找出原因并加以修正。油品密度发生差错可能有以下原因：

（1）测密度时读数错误或未按规定方法操作。

（2）密度计失准（如密度计压载室有裂痕、分度纸移动、超期使用等）。

（3）未使用或者未正确使用密度计证书上给出的检定修正值。

（4）测密度用的油样未在规定的部位进行采集。

（5）罐内油品是否有密度分层现象。发现密度有差异时，如果没有其他明显的原因，一般都必须进行分层采样，以检查是否密度分层并据以计算罐内油品的真实密度。分层采样的分层间隔不大于1m或更小为好，各层油样必须分别进行密度测量后再取平均。

二、降低损耗的措施

降低油品损耗，主要依靠在储运工作中科学合理地进行管理和操作，按照损耗发生的规律采用适当的降耗措施，加强工作责任心，防止产生不应出现的额外损耗。在实际工作中已经总结出了许多有效的降耗措施，可以结合本单位的具体情况采用相应的措施，把损耗降到最低程度。

（一）加强管理，改进操作措施

（1）合理安排储罐使用率，储罐尽量装满，以减少气体空间体积，从而降低呼吸损耗。据统计，储罐装满率为90%，蒸发损耗为0.3%左右，储罐装满率为70%，则蒸发损耗可达1%～1.5%。

（2）应合理安排生产计划，减少油品中间流通环节，尽量降低倒罐、输转次数，从而减低油品的大呼吸损耗。

（3）适时收发油（即温升时发油、温降时收油）。储罐应尽量在降温时收油，在不影响罐车出库的前提下，可安排在傍晚到午夜降温较快的时间收油；尽可能安排发油完毕的储罐先收油，这样可减少大呼吸损耗；收油时应尽量加大流量，使油品来不及大量蒸发而减少损耗（附加蒸发损耗）；发油则相反，在发油结束时应慢些，以免发油终了后出现回逆呼吸现象。控制装车油温和流速也能起到降低油气挥发减少损耗的作用，因为油温高，易挥发，流速快，压力高，油品喷溅，搅动就大，造成损耗也大。

（4）对于现有的拱顶储罐，人工计量尽可能地安排在罐内外压差最小的清晨或傍晚吸气刚结束时。

（5）安装呼吸阀挡板也是一种简单有效的降耗措施。它是一块比呼吸阀在罐内的开口面积稍大的薄金属板，固定在呼吸阀罐内开口的前方。挡板使经呼吸阀吸进来的新鲜空气流速降低，而且只沿着罐顶向四周扩散，使空气不至于直冲罐内而引起罐内气体的强烈上下对流。这样就使空气只稀释了最上部的油气，不会冲淡整个油气空间而使油品蒸发加剧。即使再排气，首先排出的也只是最上部油气浓度较低的混合气，这样就减少了损耗。资料表明，安装有呼吸阀挡板的罐，油品蒸发损耗可减少 20% ～30%。

（6）加强储油容器及输油设备的日常检查、维修和保养，确保设备容器经久耐用，气密性好，状态最佳。

（7）采用浮顶储罐以及新技术降低油品损耗，如全天候机械呼吸阀、自动计量技术、新型储罐涂料、密闭底部装卸油品、油气回收技术等。

（二）降低储罐内的温度

降低罐内温度及其变化幅度，从而降低油品小呼吸损耗，但对油品大呼吸损耗的降低是有限的，具体有以下几种方法：

（1）储罐表面涂刷强反光银色漆料。储罐表面涂刷强反光银色漆料在起到防腐作用的同时，还可减少储罐接受阳光的热量，降低罐内油温，从而减少储罐小呼吸损耗。据资料介绍，涂刷银白色涂料对降低油品蒸发损耗效果最好，铝粉漆次之。和黑色涂料相比，白色涂料吸收热辐射可以减少 40%，罐内油温仅为涂刷黑色储罐的 1/3 ～1/2，蒸发损耗也比黑色储罐减少 60%。

（2）淋水降温。这种方法对于降低小呼吸损耗效果明显。因为地面储罐，80% 的阳光辐射热是通过罐顶传给油品的，夏天从罐顶给储罐淋水，冷水沿罐壁流下，使罐顶和罐壁全被流动冷水幕膜所覆盖，热量被带走，罐内气体空间温度就会降低，罐内油品昼夜温差变化也会大为缩小，储罐小呼吸损耗因而得以降低。

储罐淋水虽然能取得较好的降耗效果，但需增加一定投资，且耗水量较大（5000m³ 储罐，日耗水约 100t）。另外罐体油漆易受破坏，罐壁腐蚀也会加剧，如果下水排卸不畅，储罐基础也会受影响。淋水降温应配合水回收设施，重复利用减低耗水量。

另外，淋水降温不能时断时续，否则罐内气体空间温度波动加剧，不仅不能降耗，反而会增大小呼吸损耗。同时，还要掌握好给水时间，一般是日出不久温度上升时开始淋水，直到气温下降储罐不再排气为止停止淋水。

（3）在距罐顶 80 ～90mm 处加装 20 ～30mm 厚隔热层或反射隔热板，可降低油品蒸发损耗达 35% ～50%，该方法在气体储罐上应用较为广泛。

（4）建筑地下水封洞库，覆土隐蔽油库，山洞库不受阳光影响，与大气接触也较少，因而小呼吸损耗较少。对于地面储罐也可以采用类似的方法，例如，在罐顶和侧壁辅挂石棉水泥板，形成空气夹层，可起到隐蔽和隔热的作用，从而降低损耗。

（三）提高储罐承压能力

适当提高储罐承压能力不仅能完全消除小呼吸损耗，而且能在一定程度上降低大呼吸损耗。提高储罐承压能力，一般是从改进储罐结构设计入手，着重考虑钢材强度、储罐附件的气密性及耐压性，以便在提高储罐承压能力的同时，尽量减少钢材耗量。然而，由于耐压罐结构复杂、施工困难材质要求严格、容量有限、造价昂贵等，所以用耐压罐来储存原油及汽油等轻质油在国内外均没有得到推广。

(四)消除储罐中的气体空间

采用浮顶罐可消除油面上的气体空间,消除蒸发现象赖以存在的自由表面,从而不仅可以消除储罐绝大部分小呼吸损耗,还能基本上消除大呼吸损耗。浮顶罐的这种特点是其他降耗措施无法比拟的,虽然造价较高,但由于能大量减少油品蒸发排放,投资能很快收回,因而特别适用于收发油作业十分频繁的轻油油库。有关资料表明,内浮顶储罐和拱顶储罐相比,可减少油品蒸发损耗90%~95%,而且拱顶罐改建内浮顶罐,投资回收期短,大多在年内即可回收全部投资。

(五)使用油面覆盖层

除了采用浮顶罐降耗外,人们还开展采用其他覆盖层来降耗的研究。但由于对覆盖层的性能要求相当苛刻,如密度小、流动性能好、化学性能稳定、使用寿命长、不对油品(尤其对航空燃料、成品汽油)产生污染等,因此真正有效并能实际长期使用的油面覆盖层仍在开发之中。

(六)收集排放气及建立集气网络系统

为了防止油气散失到大气中,可将储存同类油品的储罐用管线将气体空间连通,并与一集气罐相连,构成一个密闭的集气网络系统。这种集气系统可基本消除小呼吸排放气及罐内倒油的大部分油气排放损耗。对于拱顶罐收发油过程及内部倒罐作业,油气易返回,值得考虑开发。这种方案可与拱顶罐改造成浮顶罐的方案进行技术经济比较后确定。对于有些拱顶罐因自身的结构而难以改造成浮顶罐的(如搭接焊罐壁),这种方案尤其值得研究。

📚 思考题

1. 油品损耗的分类有哪些?
2. 什么是大呼吸损耗、小呼吸损耗?
3. 油品的储存损耗包括哪些类型?如何计算?
4. 油品的运输损耗包括哪些类型?如何计算?
5. 什么是虚假盈亏?如何产生的虚假盈亏?
6. 降低油品损耗的措施有哪些?

第六章 天然气及其计量

第一节 天然气计量基础知识

一、天然气的组成

天然气是以低分子饱和烃为主的烃类气体与少量非烃类气体组成的无色、低黏度、低相对密度的混合气体。

(一)烃类

(1)烷烃:绝大多数天然气是以 CH_4 为主要成分,其含量通常为70%~90%,并含有一定量的乙烷、丙烷、丁烷,有的天然气还含有戊烷以上的组分(如 C_5~C_{10} 的烷烃)。

(2)烯烃和炔烃:天然气有时含有少量低分子烯烃如乙烯(C_2H_4)、丙烯(C_3H_6)、丁烯(C_4H_8),以及极微量的低分子炔烃(如乙炔)。

(3)环烷烃:天然气中偶尔还含有极少量的环烷烃,如环戊烷和环己烷等。

(4)芳香烃:天然气中偶尔还含有极少量的芳香烃,苯、甲苯和二甲苯等。

(二)非烃类

(1)硫化物:含有少量硫化氢(H_2S)、硫醇(RSH)、硫醚(RSR′)、二硫化碳(CS_2)、羰基硫(COS)、噻吩(C_4H_4S)等有机硫化物。

(2)含氧化合物:含有少量二氧化碳(CO_2)、一氧化碳(CO)、水蒸气(H_2O)。

(3)其他气体:含有少量氮(N_2)、氢(H_2),有时也含有微量的稀有气体,如氦(He)、氩(Ar)。

二、天然气的分类

(一)按天然气的化学成分分类

(1)烃类气。甲烷和其重烃同系物的体积含量超过50%时称烃类气。一般按烃类气体的湿度系数,将烃类气分为干气和湿气。湿度系数是指乙烷(C_{2+})以上的体积组成含量与甲烷体积组成含量的比值(C_{2+}/C_1)。一般将甲烷含量≥95%(即 C_{2+}/C_1 <5%)的天然气称为干气;甲烷含量小于95%(即 C_{2+}/C_1 >5%)的天然气称为湿气。

(2)含硫气。H_2S 是较普遍存在于天然气中的一种组分,根据 H_2S 含量(按体积分数)的不同,行业标准把含硫气气藏分为:①微含硫气藏:<0.0013%;②低含硫气藏:0.0013% ~ 0.3%;③中含硫气藏:0.3% ~ 2%;④高含硫气藏:2% ~ 10%;⑤特高含硫气藏:10% ~ 50%;⑥H_2S 气藏:>50%。

(3)二氧化碳类气。在烃类气藏中有的 CO_2 共存,有的以 CO_2 为主,伴生有甲烷和氮气。根据 CO_2 含量(按体积分数)的不同,行业标准把 CO_2 气藏分为:①微含 CO_2 气藏:<0.01%;②低含 CO_2 气藏:0.01% ~ 2%;③中含 CO_2 气藏:2% ~ 10%;④高含 CO_2 气藏:10% ~ 50%;⑤特高含 CO_2 气藏:50% ~ 70%;④CO_2 气藏:>70%。

(4)氮类气。天然气中 N_2 含量变化很大,从微量到以 N_2 为主。根据 N_2 含量(按体积分数)的不同,行业标准把含 N_2 气藏分为:①微含 N_2 气藏:<2%;②低含 N_2 气藏:2% ~ 5%;③中含 N_2 气藏:5% ~ 10%;④高含 N_2 气藏:10% ~ 50%;⑤特高含 N_2 气藏:50% ~ 70%;⑥N_2 气藏:>70%。

(二)按矿藏特点分类

按矿藏特点的不同可将天然气分为伴生气和非伴生气。

1. 伴生气

伴生气(也称油田气)是与原油共生的,开采原油时伴生气与原油同时被采出,在地层中为油、气两相,包括溶解气和气顶气。其主要成分是甲烷,并含有少量的乙烷、丙烷、丁烷、戊烷和己烷,甚至 C_9、C_{10} 组分。其特征是乙烷和丙烷含量高于气田气。含有戊烷和己烷这类烷烃在较低温度下又可变成液态的轻质油。

2. 非伴生气

非伴生气包括纯天然气和凝析气两种。

(1)纯天然气(也称气井气)。纯天然气是通过气井开采出来的,主要成分是甲烷,其含量一般占95%以上(体积含量),其次是含量不多的乙烷、丙烷、丁烷,而戊烷以上的重烃含量极少或不含。

(2)凝析气。凝析气实际上就是液态的石油溶解在天然气中形成的,含有石油轻质馏分,是凝析气田采出的天然气,其成分除含有甲烷、乙烷外,还含有一定量的丙烷、丁烷及 C_5 以上的烃类。凝析气从井口流出来后,经减压降温,分离为气液两相。其中气相经净化处理后成为商品天然气;液相主要是凝析油,经进一步加工,可得轻烃产品。

(三)按天然气的烃类组成分类

1. C_5 界定法

按天然气中 C_5 以上烃液含量的多少来划分,将天然气分为干气和湿气两种。

(1)干气。干气是指在 $1m^3$ 井口流出物中,C_5 以上烃液含量低于 $13.5cm^3$ 的天然气。其中,$1m^3$ 是中国气体计量采用的标准,是指在压力为 101.325kPa、温度为20℃下计量的气体体积,又称基方。

(2)湿气。湿气是指在$1m^3$井口流出物中,C_5以上烃液含量高于$13.5cm^3$的天然气。

2. C_3界定法

按天然气中C_3以上烃类液体的含量多少来划分,将天然气分为贫气和富气两种。

(1)贫气。贫气是指在$1m^3$井口流出物中,C_3以上烃类液体含量低于$94cm^3$的天然气。

(2)富气。富气是指在$1m^3$井口流出物中,C_3以上烃类液体含量高于$94cm^3$的天然气。

(四)按酸气含量分类

酸气指CO_2和硫化物。按酸气含量分类,天然气分为酸性天然气和洁气。

(1)酸性天然气。酸性天然气指含有显著量的硫化物和CO_2等酸气,这类气体必须经处理后才能达到管输标准或商品气气质指标的天然气。

(2)洁气。洁气是指硫化物含量甚微或根本不含的气体,它不需净化就可外输和利用。

因此,酸性天然气和洁气的划分采取模糊的判据,而具体的数值指标并无统一的标准。在我国,由于对CO_2的净化处理要求不严格,而一般采用西南油田分公司的管输指标即硫含量不高于$20mg/m^3$作为界定指标,把含硫量高于$20mg/m^3$的天然气称为酸性天然气,否则为洁气。

三、 混合气体组成的表示法

天然气是一种气体混合物,要了解它的性质,必须知道各组分性质间的关系。天然气组成表示法可用天然气体积分数和摩尔分数、质量分数、气体混合物的相对分子质量、天然气密度来表示。

(一)天然气体积分数和摩尔分数

如果混合物中各组分的体积为V_1、V_2、V_3、$\cdots$,它们之和为总体积V。其中某一组分i的分体积为V_i,则其体积分数y_i为

$$y_i = \frac{V_i}{V} = \frac{V_i}{\sum V_i} \tag{6-1}$$

因混合物所有组分的体积分数之和为1,则

$$\sum y_i = 1 \tag{6-2}$$

同理,摩尔分数y_i'可定义为i组分的物质的量n_i与混合物总物质的量n的比值,即

$$y_i' = \frac{n_i}{n} = \frac{n_i}{\sum n_i} \tag{6-3}$$

因混合物所有组分的摩尔分数之和为1,即

$$\sum y_i' = 1 \tag{6-4}$$

由混合气体分压定律可知,i组分的分压为p_i时,存在

$$p_i V = n_i R_M T \tag{6-5}$$

式中 R_M——每千摩气体的气体常数,又称通用气体常数,8.31447kJ/(kmol·K)。

对整个气体混合物,有

$$pV = nR_M T \qquad (6-6)$$

将式(6-5)与式(6-6)相除得

$$y'_i = \frac{n_i}{n} = \frac{p_i}{p} \qquad (6-7)$$

由式(6-7)可见,任一组分的摩尔分数 y'_i 也可以用该组分的分压与混合物总压的比值表示。

由混合气体的分体积定律可以得到分体积 V_i 为

$$V_i = \frac{n_i R_M T}{p} \qquad (6-8)$$

混合物的总体积 V 为

$$V = \frac{n R_M T}{p} \qquad (6-9)$$

将式(6-8)与式(6-9)相除得

$$y'_i = \frac{V_i}{V} = \frac{n_i}{n} = y_i \qquad (6-10)$$

结论:对于理想气体混合物,任意组分的摩尔分数可以用该组分的分压与混合物总压的比值表示,且摩尔分数与体积分数相等。

(二)天然气质量分数和相对分子质量

混合物总质量 m 等于各组分质量之和。其中,i 组分的质量为 m_i,则其质量分数 x_i 为

$$x_i = \frac{m_i}{m} = \frac{m_i}{\sum m_i} \qquad (6-11)$$

因混合物所有组分的质量分数 x_i 之和为1,则

$$\sum x_i = 1 \qquad (6-12)$$

对于质量为 m_i,分体积为 V_i,千摩尔质量为 M_i 的气体,则

$$pV_i = \frac{m_i}{M_i} R_M T \qquad (6-13)$$

同理,对于混合物的总体有

$$p \sum V_i = \frac{\sum m_i}{M} R_M T \qquad (6-14)$$

式中 M——天然气的平均相对分子质量。

将式(6-13)与式(6-14)相除得

$$\frac{V_i}{\sum V_i} = \frac{m_i}{\sum m_i} \cdot \frac{M}{M_i} \qquad (6-15)$$

由于任何物质的千摩尔质量,在数值上都等于它的相对分子质量,又因有式(6-1)、式(6-11),故式(6-15)可写作

$$y_i = x_i \cdot \frac{\mu}{\mu_i} \qquad (6-16)$$

式中　μ——气体混合物的相对分子质量;

　　　μ_i——某一气体的相对分子质量。

由式(6-16)、式(6-12)得

$$\sum x_i = \sum y_i \cdot \frac{\mu_i}{\mu} = \frac{1}{\mu} \sum y_i \mu_i = 1 \qquad (6-17)$$

则

$$\mu = \sum y_i \mu_i \qquad (6-18)$$

式(6-18)表明,气体混合物的相对分子质量(又称视相对分子质量)等于各组分的相对分子质量与其摩尔分数乘积之和。

注意:上述关系只对理想气体成立,在高压下这些组分的相互关系不能用式(6-10)、式(6-16)来计算。

工程上将标准状态下,1kmol 天然气的质量定义为天然气的平均相对分子质量,简称天然气相对分子质量,即

$$M = \sum y_i M_i \qquad (6-19)$$

(三)天然气密度和相对密度

1. 天然气密度

天然气密度是指单位体积天然气的质量,用符号 ρ 表示:

$$\rho = \frac{m}{V} \qquad (6-20)$$

式中　m——天然气的质量,kg;

　　　V——天然气的体积,m^3。

因为在 101.325kPa、0℃ 下,1kmol 任何气体的体积都等于 $22.4m^3$,所以任何气体在此标准状态下的密度为

$$\rho_0 = \frac{M}{22.4} \qquad (6-21)$$

气体的密度与压力、温度有关,在低温、高压下同时与气体的压缩因子有关。气体在某压力、温度下的密度为

$$\rho = \frac{pM}{8.314ZT} \qquad (6-22)$$

式中　ρ——气体在任意压力、温度下的密度,kg/m^3;

　　　p——天然气的压力,kPa(绝);

　　　M——天然气的相对分子质量;

　　　Z——天然气的压缩系数;

　　　T——天然气的绝对温度,K。

2. 天然气的相对密度

天然气的相对密度是指在相同压力和温度下天然气的密度与干燥空气密度之比,用符号

S 表示,即

$$S = \frac{\rho_{天}}{\rho_{空}} = \frac{M_{天}}{M_{空}} \qquad (6-23)$$

式中　$\rho_{天}, M_{天}$——天然气的密度和相对分子质量;

　　　$\rho_{空}, M_{空}$——空气的密度和相对分子质量,0℃、101.325kPa 时,$\rho_{空} = 1.293kg/m^3$;20℃、101.325kPa 时,$\rho_{空} = 1.205kg/m^3$。

　　由此可求得天然气的相对密度,也常用在已知天然气的相对密度时,求天然气的相对分子质量或密度等。天然气的相对密度一般为 0.54~0.62,石油伴生气的相对密度为 0.7~0.85,个别含重烃多的油田气也有大于 1 的。

(四)天然气虚拟临界参数和对比参数

1. 天然气的虚拟临界参数

　　任何一种气体当温度不超过某一数值时都可以等温压缩成液体,而在该温度以上,无论加多大压力都不能使气体液化,这个温度称为该气体的临界温度。在临界温度下,使气体液化所必需的压力称为临界压力,此时的状态称为临界状态,对应的参数称为临界参数。混合气体的虚拟临界温度、虚拟临界压力、虚拟临界密度可按混合气体中各组分的体积分数及其临界温度、临界压力和临界密度求得

$$T_c = \sum y_i T_{ci} \qquad (6-24)$$

$$p_c = \sum y_i p_{ci} \qquad (6-25)$$

$$\rho_c = \sum y_i p_{ci} \qquad (6-26)$$

式中　y_i——混合气体中某组分的体积分数;

　　　$T_{ci}, p_{ci}, \rho_{ci}$——混合气体中某组分的临界温度,临界压力,临界密度;

　　　T_c, p_c, ρ_c——天然气的虚拟临界温度,虚拟临界压力,虚拟临界密度。

2. 天然气对比参数

　　天然气的实际温度、实际压力、实际密度与其临界温度、临界压力、临界密度之比分别称为天然气的对比温度、对比压力和对比密度。

$$T_r = \frac{T}{T_c} \qquad (6-27)$$

$$p_r = \frac{p}{p_c} \qquad (6-28)$$

$$\rho_r = \frac{\rho}{\rho_c} \qquad (6-29)$$

式中　T_r, p_r, ρ_r——对比温度,对比压力,对比密度;

　　　T, p, ρ——实际温度,实际压力,实际密度;

　　　T_c, p_c, ρ_c——天然气的虚拟临界温度,虚拟临界压力,虚拟临界密度。

四、**商品天然气的质量要求**

　　强制性国家标准 GB 17820—2018《天然气》是国家、省市等各级产品质量监督检验部门和

工商管理部门对天然气产品进行定期抽查、检验和检查的依据。商品天然气的气质标准既要满足管输要求,又要符合城市民用和商业使用要求。天然气的质量要求见表 6 - 1。

表 6 - 1　天然气质量要求

项目		一类	二类
高位发热量[a,b],MJ/m³	≥	34.0	31.4
总硫(以硫计)[a],mg/m³	≤	20	100
硫化氢[a],mg/m³	≤	6	20
二氧化碳摩尔分数,%	≤	3.0	4.0

　　a 在表中使用的标准参比条件是 101.325kPa,20℃;

　　b 表示高位发热量以干基(干基是指含水蒸气摩尔分数不大于 0.00005 的天然气;在进行天然气发热量计算时,水的含量设定为零)计。

商品天然气的技术指标包括以下三个方面。

(一)热值

热值是指单位体积或质量天然气的高发热量或低发热量。天然气是一种可燃气体,它与 5% ~15% 的空气混合易燃,点火温度范围在 866.5 ~977.6K,具有很高发热量。如在标准状态下,甲烷的热值为 37260kJ/m³,比普通煤的热值大 1.5 倍。由于天然气定价最常用的依据是它的热值含量,而不是它的质量或体积,因而热值是表征天然气的重要性质参数。表 6 - 1 明确规定了天然气分类采用的热值是高位发热量,计量用的气体体积标准参比条件是 101.325kPa、20℃。

(二)含硫量

含硫量是指天然气中 H_2S 含量或总硫含量。由于天然气燃烧会生成二氧化硫,且进入管道的天然气的总硫指标直接关系到二氧化硫排放量的多少;另外,硫化氢为酸性气体,可对管道运行产生腐蚀,硫化氢燃烧还可产生二氧化硫,因而在国家标准中对含硫量指标进行了规定。世界各国商品天然气中硫化氢控制含量大多为 5 ~23mg/m³。考虑到在城市配气和储存过程中,特别是混配和调值时可能有水分混入。为防止配气系统的腐蚀和保证居民健康,规定一类、二类天然气中硫化氢含量分别不大于 6mg/m³ 和 20mg/m³(表 6 - 1)。对于一类气,如果总硫含量或硫化氢含量测定瞬时值不符合表 6 - 1 的规定,应对总硫含量和硫化氢含量进行连续监测,总硫含量和硫化氢含量的瞬时值应分别不大于 30mg/m³ 和 10mg/m³,并且总硫含量和硫化氢含量任意连续 24h 测定平均值应分别不大于 20mg/m³ 和 6mg/m³。GB 17820—2018《天然气》规定了一类、二类天然气中总硫含量分别不大于 20mg/m³ 和 100mg/m³。随着技术和经济的发展,我国将进一步降低天然气中总硫含量,我国的中长期目标是将总硫控制在 8mg/m³ 以内。

(三)CO_2 含量

由于 CO_2 溶于水后生成的碳酸会引起钢材的电化学腐蚀,CO_2 的含量越高,溶解于水的碳酸浓度就越高,从碳酸中分解出的氢离子浓度也随之升高,从而造成对管道和设备的腐蚀加速。GB 17820—2018《天然气》中明确规定了一类、二类天然气中二氧化碳的摩尔分数分别不大于 3.0% 和 4.0%。

此外,在天然气的输送和使用中,GB 17820—2018《天然气》规定天然气中固体颗粒含量应不影响天然气的输送和利用;在天然气交接点的压力和温度条件下,天然气中应不存在液态水和液态烃;进入长输管道的天然气应符合一类气的质量要求;作为民用燃气的天然气,应具有可以察觉的臭味,民用燃气的加臭应符合 GB 50494—2009《城镇燃气技术规范》的规定,燃气中加臭剂的最小量应符合 GB 50028—2006《城镇燃气设计规范》中的规定要求,使用加臭剂后,当天然气泄漏到空气中,达到爆炸下限的 20% 时,应能察觉;作为燃气的天然气,应符合 GB/Z 33440—2016《进入长输管网天然气互换性一般要求》对于燃气互换性的要求;对于两个类别之外的天然气,在满足国家有关安全、环保和卫生等标准的前提下,供需双方可用合同来确定其具体要求等。

五、天然气流量计算公式

天然气贸易结算计量的方式有两种:按体积(质量)流量计量和按能量流量计量。

(一)体积(质量)流量计量

流体在单位时间内流过管道(或设备)横截面的数量称为瞬时流量,可用体积流量 q_V 和质量流量 q_m 表示。体积流量是单位时间内流过某一截面的流体体积。体积流量可表示为

$$q_V = vA \tag{6-30}$$

式中　q_V——体积流量;

　　　A——流体通过的有效截面积;

　　　v——截面 A 上的平均流速。

体积流量常用 m^3/s、m^3/h、m^3/d 等单位表示。

质量流量是指单位时间内流经某一有效截面的流体质量。质量流量可表示为

$$q_m = q_V \rho = vA\rho \tag{6-31}$$

式中　q_m——质量流量;

　　　ρ——介质密度。

质量流量常用 kg/s、kg/h、kg/d、t/d 等单位表示。

累积流量是指一段时间内流经某截面的流体数量的总和,用体积和质量来表示。

$$V = \int_{t_1}^{t_2} q_V \mathrm{d}t \tag{6-32}$$

体积常用 m^3、L 等单位表示。

$$m = \int_{t_1}^{t_2} q_m \mathrm{d}t \tag{6-33}$$

质量常用 t、kg 等单位表示。

气体的流量随温度和压力的变化而变化,因此在测量天然气流量时,必须规定某一温度和压力作为计量的标准温度、压力,该状态称为"基准状态"或"标准状态"。GB/T 18603—2014《天然气计量系统技术要求》中有关标准参比条件的要求为"本标准采用的天然气流量计量的标准参比条件为:20℃(热力学温度为 293.15K),压力为 101.325kPa,干基。也可采用合同规定的其他压力和温度作为标准参比条件。"

标准参比条件下的体积 V_n 的计算:

$$V_n = V_f \cdot \frac{\rho_f}{\rho_n} \tag{6-34}$$

式中 V_n——标准参比条件下的体积,m^3;

$\quad\quad V_f$——工作条件下的体积,m^3;

$\quad\quad \rho_f$——工作条件下的天然气密度,kg/m^3;

$\quad\quad \rho_n$——标准参比条件下的天然气密度,kg/m^3。

或用式(6-35)计算工作条件下的天然气密度 ρ_f 为

$$\rho_f = \frac{p_f \cdot M_m}{T_f \cdot Z_f \cdot R_a} \quad\quad\quad (6-35)$$

式中 ρ_f——工作条件下的天然气密度,kg/m^3;

$\quad\quad p_f$——工作条件下的压力,Pa;

$\quad\quad M_m$——摩尔质量,$kg/kmol$;

$\quad\quad T_f$——工作条件下的热力学温度,K;

$\quad\quad Z_f$——工作条件下的天然气压缩因子;

$\quad\quad R_a$——通用气体常数,$J/(K \cdot kmol)$。

则

$$V_n = V_f \frac{p_f \cdot T_n \cdot Z_n}{p_n \cdot T_f \cdot Z_f} \quad\quad\quad (6-36)$$

式中 V_n——标准参比条件下的体积,m^3;

$\quad\quad V_f$——工作条件下的体积,m^3;

$\quad\quad p_n$——标准参比条件下的压力,Pa;

$\quad\quad p_f$——工作条件下的压力,Pa;

$\quad\quad T_n$——标准参比条件下的热力学温度,K;

$\quad\quad T_f$——工作条件下的热力学温度,K;

$\quad\quad Z_n$——标准参比条件下的天然气压缩因子;

$\quad\quad Z_f$——工作条件下的天然气压缩因子。

质量 m 的计算:

$$m = V_f \cdot \rho_f \quad\quad\quad (6-37)$$

式中 m——质量,kg;

$\quad\quad V_f$——工作条件下的体积,m^3;

$\quad\quad \rho_f$——工作条件下的天然气密度,kg/m^3。

或者把式(6-35)所得的工作条件下的密度再代入式(6-37)后得

$$m = \frac{V_f \cdot p_f \cdot M_m}{T_f \cdot Z_f \cdot R_a} \quad\quad\quad (6-38)$$

式中 m——质量,kg;

$\quad\quad V_f$——工作条件下的体积,m^3;

$\quad\quad p_f$——工作条件下的压力,Pa;

$\quad\quad M_m$——摩尔质量,$kg/kmol$;

$\quad\quad T_f$——工作条件下的热力学温度,K;

$\quad\quad Z_f$——工作条件下的天然气压缩因子;

$\quad\quad R_a$——通用气体常数,$J/(K \cdot kmol)$。

(二)能量流量计量

能量流量是指单位时间内流经横截面的气体能量。能量流量通常以 MJ/s 单位表示。天然气的能量 E_n 可以通过体积或通过质量与发热量 H_{sn} 的乘积计算得到。

按体积计算如下：

$$E_n = V_n \cdot H_{snv} \tag{6-39}$$

式中 V_n——由式(6-34)或式(6-36)计算求得；

        H_{snv}——标准参比条件下的体积发热量，J/m^3。

按质量计算如下：

$$E_n = m \cdot H_{snm} \tag{6-40}$$

式中 m——由式(6-37)或式(6-38)计算求得；

        H_{snm}——标准参比条件下的质量发热量，J/kg。

在天然气贸易计量中，能量计量最能体现同质同价、优质优价、公平交易原则，以能量的方式进行结算是最公平的方法。在国外，天然气计量已经实现能量计量与体积计量两种方式并存的局面。我国虽然制定和颁布了与流量计量、组成分析和物性参数计算有关的标准，但在能量计量的实施步伐上明显滞后。除台湾和香港地区以及中国海洋石油总公司在广东和福建的 LNG 销售中使用能量进行结算外，我国天然气贸易交接计量基本采用体积流量计量方式。

第二节　容积式流量计测量天然气流量

一、旋转容积式气体流量计

SY/T 6660—2006《用旋转容积式气体流量计测量天然气流量》规定了旋转容积式气体流量计的定义、计量原理、操作条件、技术要求、性能、安装和维护要求等是对旋转容积式气体流量计的通用要求。

旋转容积式气体流量计主要由固定腔体内壁围成的一个刚性测量空间以及其间的旋转元件和其他元件组成，元件每旋转一周，就会排除固定量的气体，不断累加并记录其容积，由指示设备显示出来。

(一)计量原理

旋转容积式气体流量计主要包括流量计表体、旋转元件和电子显示装置或机械显示装置三个部分。在流量计的壳体内有一个计量室，计量室内有一对或两对可以相切旋转的旋转元件，在流量计壳体外面与两个旋转元件同轴安装了一对驱动齿轮，驱动齿轮相互啮合使两个旋转元件相互联动。当气体流过流量计时，旋转元件在气体入口与出口之间的压差作用下转动，气体不断充满旋转元件和壳体形成的计量腔，并不断地被旋转元件送向出口，因此只要知道单个计量腔的容积和旋转元件旋转一周所形成的计量腔的个数，就可以通过记录转动的次数，得到流经流量计的气体体积。

(二)流量计算及测量不确定度估算

1.体积流量计算及其不确定度估算

当流量计使用低脉冲发生器时,输出信号为脉冲,操作条件下体积流量由式(6-41)计算:

$$q_{vf} = \frac{N}{K \cdot t} \tag{6-41}$$

式中　q_{vf}——操作条件下的体积流量,m^3/s;

　　　N——实际测量得到的脉冲数;

　　　K——流量计系数,是每单位体积输出脉冲数,m^{-3};

　　　t——实际测量时间,s。

当流量计使用高频脉冲发生器时,输出信号为频率,操作条件下体积流量由式(6-42)计算:

$$q_{vf} = \frac{f}{K} \tag{6-42}$$

式中　q_{vf}——操作条件下的体积流量,m^3/s;

　　　f——输出频率,由频率计采集得到,s^{-1}。

标准参比条件下的瞬时流量按式(6-43)式(6-44)进行计算:

$$q_{vn} = q_{vf} \left(\frac{p_f}{p_n}\right) \left(\frac{T_n}{T_f}\right) \left(\frac{Z_n}{Z_f}\right) \tag{6-43}$$

式中　q_{vn}——标准参比条件下的体积流量,m^3/s;

　　　q_{vf}——操作条件下的体积流量,m^3/s;

　　　p_f——操作条件下的绝对静压力,MPa;

　　　p_n——标准参比条件下的绝对压力,其值为 0.101325MPa;

　　　T_n——标准参比条件下的热力学温度,其值为 293.15K;

　　　T_f——操作条件下的热力学温度,K;

　　　Z_n——标准参比条件下的压缩因子,按 GB/T 11062—2014 计算得出;

　　　Z_f——操作条件下的压缩因子,按 GB/T 17747.1—2011 至 GB/T 17747.3—2011 计算。

$$q_{vn} = q_{vf} F_Z^2 \left(\frac{p_f}{p_n}\right) \left(\frac{T_n}{T_f}\right) \tag{6-44}$$

式中　F_Z——天然气超压缩系数。

F_Z 是因天然气特性偏离理想气体定律而导出的修正系数,见式(6-45):

$$F_Z = \sqrt{\frac{Z_n}{Z_f}} \tag{6-45}$$

标准参比条件下在一段时间内的体积累积流量为

$$Q_n = \int_{t_0}^{t} q_{vn} dt \tag{6-46}$$

式中　Q_n——标准参比条件下在 t_0 到 t 一段时间内的体积累积流量,m^3;

　　　q_{vn}——标准参比条件下体积流量,m^3/s。

标准参比条件下的体积流量测量不确定度估算见式(6-47)：

$$u_{q_{vn}} = \sqrt{u_{q_{vf}}^2 + u_{p_f}^2 + u_{T_f}^2 + u_{Z_f}^2 + u_{Z_n}^2} \qquad (6-47)$$

式中　$u_{q_{vn}}$——标准参比条件下的流量测量不确定度；

　　　　$u_{q_{vf}}$——操作条件下的体积流量测量不确定度，可由流量计的准确度等级确定；

　　　　u_{p_f}——操作条件下的绝对静压测量不确定度，根据使用的静压测量仪表性能估算；

　　　　u_{T_f}——操作条件下的热力学温度测量不确定度，根据使用的温度测量仪表性能估算；

　　　　u_{Z_f}——操作条件下的压缩因子测量不确定度，压缩因子计算方法若采用 GB/T 17747.2—2011 或 GB/T 17747.3—2011，管输气一般取 0.1%，采用 AGA NX—19 则取 0.5%；

　　　　u_{Z_n}——标准参比条件的压缩因子测量不确定度，与天然气组分分析方法和标准气体有关，当组分分析按 GB/T 13610—2014 规定进行，可取 0.05%。

绝对静压或热力学温度测量不确定度按式(6-48)估算：

$$u_Y = \frac{1}{\sqrt{3}} \xi_y \frac{Y_k}{Y_i} \qquad (6-48)$$

式中　u_Y——绝对静压测量或热力学温度测量的不确定度；

　　　　ξ_y——静压测量仪表或温度测量仪表的准确度值等级；

　　　　Y_k——静压测量仪表或温度测量仪表的量程；

　　　　Y_i——预定静压测量值或预定温度测量值。

95% 的置信概率下的扩展不确定度见式(6-49)：

$$U_{q_{vn}} = 2u_{q_{vn}} \quad (95\% \text{ 的置信概率}) \qquad (6-49)$$

式中　$U_{q_{vn}}$——标准参比条件下的体积流量测量扩展不确定度。

2. 质量流量计算及其不确定度估算

流量计的瞬时质量流量按式(6-50)、式(6-51)或式(6-52)计算：

$$q_m = q_{vn} \cdot \rho_n \qquad (6-50)$$

式中　q_m——质量流量，kg/s；

　　　　ρ_n——标准参比条件下的天然气密度，kg/m³。

$$q_m = q_{vn} \cdot \frac{p_n \cdot M}{T_n \cdot Z_n \cdot R} \qquad (6-51)$$

式中　R——通用气体常数，气值为 0.00831451，MPa·m³/(kmol·K)。

$$q_m = q_{vf} \cdot \frac{p_f \cdot M}{T_f \cdot Z_f \cdot R} \qquad (6-52)$$

根据式(6-50)，可用式(6-53)估算标准参比条件下质量流量测量不确定度：

$$u_{q_m} = \sqrt{u_{q_{vn}}^2 + u_{\rho_n}^2} \qquad (6-53)$$

式中　u_{ρ_n}——标准参比条件下的密度计算不确定度，按 GB/T 11062—2014 计算可取 0.3%。

3. 能量流量计算及其不确定度估算

能量流量可以通过体积流量或质量流量与被测天然气高位发热量 H 的乘积计算得到。按体积流量计算的公式为：

$$q_e = q_{vn} \cdot \widetilde{H}_s \qquad (6-54)$$

按质量流量计算的公式为：

$$q_e = q_m \cdot \hat{H}_s \qquad (6-55)$$

式中　q_e——能量流量，MJ/s；

　　　$\widetilde{H}_s$——标准参比条件下的体积高位发热量，MJ/m³；

　　　$\hat{H}_s$——标准参比条件下的质量高位发热量，MJ/kg。

根据式(6-54)可用式(6-56)估算标准参比条件下能量流量测量不确定度：

$$u_{q_e} = \sqrt{u_{q_{vn}}^2 + u_{\widetilde{H}_s}^2} \qquad (6-56)$$

式中　$u_{\widetilde{H}_s}$——标准参比条件下的发热量计算不确定度，GB/T 11062—2014 计算可取 0.05%。

(三) 流量计计量要求

在 SY/T 6660—2006《用旋转容积式气体流量计测量天然气流量》中，对旋转容积式气体流量计出厂前的检验、使用时应遵守的技术要求、必要时进行的天然气实流校准(以天然气等为介质所进行的流量计校准)、型式评价或样机试验的要求、型式评价(样机试验)大纲等进行了规定。

1. 操作条件

(1)流量计的量程比(即最大测量范围与最小测量范围之比)一般不低于1:10。

(2)流量计最大工作压力应由生产厂家设计并标识在流量计上，一般不超过 1.6MPa，如果超出上述范围，应向生产厂家提出专门的要求。

(3)流量计的工作温度范围应由生产厂家设计并标识在流量计上，至少满足 -10~40℃，如果超出上述范围，应向生产厂家提出专门的要求。

2. 误差

操作条件下流量计最大允许误差应符合表6-2的规定；分界流量 q_t 参考表6-3的规定；经实流校准后的流量计加权平均误差 E_{FWM} 值应该在 -0.4% ~ +0.4%。其中，分界流量 q_t 是介于最大流量和最小流量之间的流量值，它将流量范围分割成高低两个区，其最大允许误差在不同的区间将有所不同。

表6-2　最大允许误差

准确度等级	0.2	0.5	1	1.5	2	2.5
最大允许误差，% $q_t \leq q \leq q_{max}$	±0.2	±0.5	±1.0	±1.5	±2.0	±2.5

注：1. 低于分界流量 q_t 的低区流量范围最大允许误差不应超过2倍的高区最大允许误差；

　　2. q_{max} 为流量计操作条件下的最大流量，单位 m³/s。

表6-3　分界流量 q_t

量程比($q_{max}:q_{min}$)	q_t	量程比($q_{max}:q_{min}$)	q_t
量程比≤20:1	0.20 q_{max}	30:1 < 量程比≤50:1	0.10 q_{max}
20:1 < 量程比≤30:1	0.15 q_{max}	量程比 >50:1	0.05 q_{max}

3. 重复性误差

流量计各流量点的重复性误差应不超过流量计最大允许误差绝对值的 1/3。重复性误差是指在参比条件且不改变流量情况下多次测量的重复性(在一组重复性测量条件下的测量精密度)。

4. 压损

流量计制造厂家应给出以密度为 $1.2 kg/m^3$ 的空气为介质,流量计在 q_{max} 时的最大压损值。压损是指气体流过流量计造成的不可恢复的压力降。

5. 短期过载

流量计应能在 $1.25 q_{max}$ 流量下运行 30min 而不损坏,并且不影响流量计的性能。

6. 压力变化率

制造厂应对安装、启动、维护和工作期间流量计的降压和升压速率给予明确的说明。

7. 安装要求

1)安装环境

(1)流量计使用的外界环境温度应满足 -10~40℃ 的要求,同时应根据安装点具体的环境及操作条件对流量计采取必要的隔热、防冻及其他保护措施(如遮雨、防晒等)。

(2)应安装在尽可能远离振动的环境。

(3)在安装流量计及其相关的连接导线时,应避开可能存在电磁干扰或较强腐蚀性的环境,否则应采取必要的防护措施(咨询制造厂家)。

(4)流量计安装位置的选择应便于流量计的维护及检修。

2)流量计的安装

(1)流量计的安装应符合使用说明书的要求,或按流量计上安装标记进行安装,垂直安装时应保证气流由上而下流过流量计。

(2)安装流量计前应对管道进行清洗和吹扫,以防止管道中的固体物进入流量计。

(3)应保证流量计法兰与直管段和过滤器法兰同轴安装,安装后不应对流量计产生附加应力。

3)取压口

推荐在流量计本体入口处测量压力(即工作压力),所开压力孔喉部直径≥3mm。第二个取压孔可在流量计的下游开孔。

压力仪表应确保不伸入气流中,可直接安装在管道上或通过导压管安装。当通过导压管安装时,导压管长度应尽量短,7mm≤导压管内径≤13mm。

4)取温口

用于测量温度的取温口应开在流量计表体或入口处。

5)过滤器

在流量计上游直管段以外应安装适宜的过滤器(彩图6-1),其结构和尺寸不仅保证可以通过最大流量,而且要保证产生尽可能小的压力损失。为了防止管道中的固体物堵塞过滤器,在安装过滤器前应对管道进行清洗和吹扫。

彩图6-1　过滤器

6)旁通

当在不可中断气体输送情况下对流量计和过滤器进行维修时,应安装旁通管道,所用旁通阀应是零泄漏且可检漏的阀门。

7)防雷与接地要求

应设有适宜的防雷装置,并符合 GB/T 18603—2014《天然气计量系统技术要求》的要求。

(四)流量计技术要求

1. 基本要求

流量计应具备防水、抗腐蚀和外力冲击等的能力。与气体直接接触的流量计的轴承和机械驱动装置应采取保护措施以防止气体中的杂质进入。

2. 外观要求

流量计的外观应整洁、美观;表面应有良好的处理,不应有毛刺、裂纹、锈蚀、霉斑或涂层剥落现象;所有文字、符号和标志应鲜明、清晰,不易脱落。

3. 抗腐蚀要求

流量计所有与介质接触的部件应选用几何尺寸稳定、适用于天然气的材料制造,用于其他场合的流量计应向厂家咨询;流量计的所有外部零件应用抗腐蚀的材料制造或者用适合在天然气工业典型大气环境中使用的抗腐蚀涂层(涂层需附着力强,不易脱落)进行保护。

4. 强度及严密性

流量计在出厂前应按相关标准经强度和严密性试验合格。

5. 流量计的输出装置

流量计的输出装置可以是机械显示装置或电子显示装置。当输出装置为机械显示装置时,应可显示累积通过流量计的总量;当为电子显示装置时,应可显示通过流量计的总量和瞬时流量。

显示装置应该可靠封缄,不可随意调整;安装在流量计上的显示装置应有可靠的结构,应能在规定的温度范围内正常工作、显示清晰;流量的计量单位应在显示装置的适当位置上进行清晰地标记;显示装置的数字应有足够的位数,其容量应满足相当于流量计在最大流量下运行至少1年通过的流体总量;在较强的光照下电子显示装置上的数字应清晰可见。

6. 脉冲发生器

脉冲发生器是指能够发生低频或高频脉冲的装置,它可以是流量计的一个完整的部分,或者作为一个附件,或者作为一个结合体。

脉冲值在出厂时由厂家设定或由检定给出,通常以“$1m^3$ = _____ 脉冲”的形式来表示每单位体积发出的脉冲数;脉冲值的计算可通过流量计示值与脉冲发生位置之间的传动比得到,脉冲值至少要保留6位有效数字;生产厂家需提供计算脉冲值的检验方法,计算出的脉冲值在检验时与指定值差值不能超过 0.05%。

7. 长度和口径

制造厂应给出各个压力等级和口径下的流量计表体的标准长度。

8. 电气安全要求

(1)流量计的所有电气部件应当进行严格的测试和老化处理。

(2)脉冲发生器的使用应遵守 GB 3836.1—2010《爆炸性环境 第 1 部分:设备 通用要求》和 GB 3836.4—2010《爆炸性环境 第 4 部分:由本质安全型"i"保护的设备》的规定进行安全操作。

(3)连接件应至少符合 GB 4208—2017《外壳防护等级(IP 代码)》中 IP65 的保护等级,并能装备用电防护线路。

(4)全部插座连接应有保护套。

(5)电缆护套、橡胶、塑料和其他裸露部分应当耐紫外光、油脂和阻燃。

(6)用户也可指定流量计应满足的防爆等级,以适应更加安全的安装要求。

(五)旋转容积式气体流量计的使用与维护

1. 润滑油

在使用流量计之前,应加注润滑油。加注润滑油量和加注方法按流量计说明书要求进行。按流量计制造商提供的型号选用润滑油,润滑油一般可采用高速机油。在流量计运行过程中应经常观察润滑油的颜色和视镜中的油位变化,当发现润滑油的颜色异常时,应更换新润滑油;当视镜中的油位低于视镜中心线时,应补充润滑油。

2. 运行

运行前应按规定进行试压,只有确认各密封处和流量计本体无泄漏时,才可将流量计投入运行。流量计开始运行时,为了使升压速率小于厂家给定的压力变化率,应缓慢打开上游阀门,使流量计在较小流量下运行几分钟,当确认正常后再逐渐开大阀门。装有旁通的场合应先开旁通以便平衡压力。

3. 过滤器

过滤器在使用过程中应定期排污,过滤器的清洗更换周期应视气体的质量而定。对带有差压指示的过滤器应经常监视过滤器差压变化,当差压达到规定值时,应及时进行清洗或更换滤芯,以便确保过滤器处于良好的工作状态。

4. 检定

流量计应按检定规程要求进行周期检定。对于一体化流量计中的铂电阻、温度变送器或传感器、压力变送器或传感器也要按有关检定规程要求单独进行周期检定,检定合格后再与流量计一起检定。

二、气体腰轮流量计

气体腰轮流量计(也称罗茨流量计)是一种采气现场应用较多的容积式流量计,具有介质适应性较好,重复性好,准确度高,不受流态影响等优点,其缺点是结构复杂、笨重、压损大,量程不宽,有振动和噪声。

气体腰轮流量计由壳体、腰轮转子组件(测量元件)、驱动齿轮(图6-1)、计数器等构成。按腰轮的组成可分为普通腰轮流量计和45°组合式腰轮流量计两种。普通腰轮流量计只有一对腰轮,运行时产生的振动较大;45°组合式腰轮流量计由两对互成45°的组合腰轮组成,振动小,适合用于大流量计量。

图6-1　腰轮流量计的驱动齿轮

(一)气体腰轮流量计的工作原理

气体腰轮流量计工作原理如图6-2所示。两个腰轮把气体连续不断地分割成单个的体积部分,利用驱动齿轮和计数指示结构计量出气体总体积量。两个腰轮是一对共轭曲线转子,在与腰轮同轴安装的驱动齿轮的控制下,当有一个腰轮转动时,另一个腰轮随之反向转动,两个腰轮相互间始终保持着一条线接触,既不能相互卡住,又不能有泄漏间隙。当气体通过流量计时,依靠进出口气体压力差推动腰轮转子旋转,两腰轮将按如图6-2所示方向旋转。当进气口有气体流入时,两个腰轮都向外旋转,如图6-2(a)所示;当下边的腰轮处于水平状态时,如图6-2(b)所示,则此腰轮与壳体之间封存有一个计量腔(腰轮转子与壳体之间构成一个密闭的腔体,称为计量腔)的气体,当连续转动时,这些气体将从排气口排出,如图6-2(c)所示;上边的腰轮由(b)经过(c)转至(d)的过程中将进来的气体封存入上腔中,下边的腰轮由(b)经过(c)转至(d)的过程中将封存的气体送出排气口。当进气压力高于排气压力时,两个腰轮将连续转动,一次次地排出气体。腰轮转子每转一圈排出四倍计量腔容积的气体。转子转动次数由输出轴带动计数器计量出转子的转动次数,从而得到气体的累积流量。

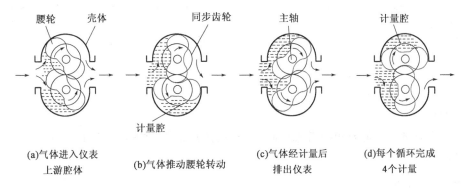

(a)气体进入仪表　　　　(c)气体经计量后
　　上游腔体　　　　　　　排出仪表
　　　　　(b)气体推动腰轮转动　　　　(d)每个循环完成
　　　　　　　　　　　　　　　　　　　4个计量

图6-2　气体腰轮流量计工作原理图

由于气体腰轮流量计的计数器显示的读数值为输气管路实际工作压力、温度下的体积,所测压力、温度不同,同一读数所反映的体积也不同,因此应把工作状态下的压力、温度测得的体积换算成标准状态下的体积,其换算公式如下:

$$Q_n = \frac{293.15}{T_1} \cdot \frac{p_1}{p_a} \cdot Q_s \qquad (6-57)$$

式中　Q_n——气体标准体积流量,m^3/d;

　　　T_1——流量计工作状态下气体的平均温度,K;

p_1——流量计工作状态下气体的平均压力,MPa;

p_a——标准大气压力,$p_a = 0.101325$MPa;

Q_s——工作状态下流量计的指示值,m^3。

(二)气体腰轮流量计的选择

气体腰轮流量计的选择原则应从流量计的型式和性能要求两方面进行考虑。

1.型式

视频6-1 立式腰轮流量计结构

气体腰轮流量计按安装位置可分为立式(图6-3,视频6-1)和卧式(图6-4)两种。选择哪种型式主要取决于现场场地面积和立体空间状况。当场地狭小时,应选择立式;反之,则选择卧式。

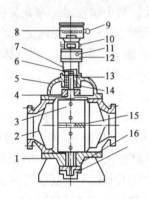

图6-3 立式腰轮流量计结构图

1—下盖;2—壳体;3—腰轮;4,12—出轴密封;5—上盖;
6—连轴座;7—排气旋塞;8—计数器;9—手轮;10—修正器;
11—油杯;13—径向轴承;14—腰轮轴;15—中间隔板;
16—止推轴承座

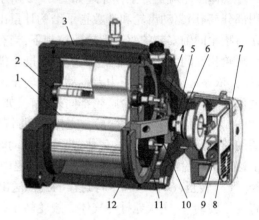

图6-4 卧式腰轮流量计结构图

1—腰轮转子;2—永久润滑轴承;3—表体;
4—高频脉冲发生器;5—磁耦合;6—隔板;7—计数器罩;
8—铭牌;9—计数器;10—齿轮;11—同步齿轮;12—轴承盖

2.性能要求

气体腰轮流量计性能要求要考虑准确度等级、流量范围、使用目的、耐压性能和压力损失等五个方面的因素。

1)准确度等级

JB/T 7385—2015《气体腰轮流量计》中规定的气体腰轮流量计的准确度等级有0.2,0.5,1.0,1.5,2.0五种,数值越小的准确度等级越高,其价格也高,因此选购时应针对不同的场合选用合适等级的流量计。比如用于商业贸易计量的流量计准确度等级要高些,而对于企业内部用于核算用的流量计准确度等级相应可以低点。

2)流量范围

气体腰轮流量计的流量范围及对应的基本误差限在JB/T 7385—2015《气体腰轮流量计》中已有规定,见表6-4,分界流量值见表6-5。范围度是流量上限值与流量下限值之比。

表 6 – 4　基本误差限

准确度等级		0.2	0.5	1.0	1.5	2.0
基本误差限	$q_{min} \le q < q_t$	±0.4%	±1.0%	±2.0%	±3.0%	±4.0%
	$q_t \le q \le q_{max}$	±0.2%	±0.5%	±1.0%	±1.5%	±2.0%

表 6 – 5　分界流量值 q_t

范围度	q_t	范围度	q_t
≤20∶1	$0.20q_{max}$	50∶1	$0.10q_{max}$
30∶1	$0.15q_{max}$	>50∶1	$0.05q_{max}$

商品贸易计量时双方对流量计的测量准确度有较高要求,这种情况流量计运行时流量范围相对较窄;反之若是企业内部非贸易计量流量计,对流量范围要求较大,对流量计的准确度等级要求相对低一些。

流量计运行分为连续运行和间歇运行,连续运行流量计的流量相对比较均衡,很少出现大起大落现象,而间歇运行(如 CNG 加气站压缩机间歇启动时的流量计)流量范围大时间短。这种情况流量计误差必然增大,只能降低流量计的准确度等级,以适应这种环境。表 6 – 5 表明,流量在低排量(即 $q_{min} \le q < q_t$ 时)时,不同准确度等级的腰轮流量计的误差限均变大,因此为了保证流量计的良好性能和较长的使用寿命,流量计量程控制在 $q_t \le q \le q_{max}$ 范围内。

3)使用目的

气体腰轮流量计一般适用于中等流量使用;小流量使用会造成漏失量变大;大流量使用会造成噪声和振动较大,此时宜选用 45°角组合腰轮流量计可降低噪声和振动,同时还可满足在规定的误差限内运行的要求。

4)耐压性能

流量计的耐压等级是其重要的技术指标,流量计外壳及其受压部位应能承受试验压力为公称压力的 1.5 倍、历时 5min 的耐压强度试验,不应有机械损坏。流量计的耐压等级不同会使流量计在价格上有很大差异。选择压力等级时应注意:一是不允许选用与工作压力相等或接近的压力等级流量计,安全系数太小,难以应对管道憋压等意外事故;二是避免为了安全而选用高压力等级流量计,而造成资金浪费。一般比工作压力高出 2 个等级即可,如正常工作压力 0.1MPa,则选用 0.25MPa 等级的就可满足需求。合理选择流量计的压力等级,既满足实际需求,又可避免浪费,节约资金。

5)压力损失

流量计在流量上限值的压力损失应不超过制造厂的规定。通常按管道系统泵送能力和流量计进口压力等确定最大流量的允许压力损失来选定流量计。如果流量计选择不当会限制流体流动,从而产生过大的压力损失而影响流通效率。这样的流量计使用几年后,为测量流量所付出的泵送费用也会超过那些低压损而价格较贵的流量计的购置费用了。

(三)气体腰轮流量计的使用与维护

1.试运行

气体腰轮流量计经安装验收无误后,应进行试运行工作检验,其具体程序如下:

(1)关闭流量计前后阀门(即开关阀和调节阀),缓慢打开旁通阀,使气体从旁通阀流过,冲洗管道中残留杂物并使气体流量计进出口压力平衡;若无旁通管路,则可用一个事先预制的短管(长短、口径与流量计一致)代替流量计安装在管路中,使气体通过,待管路被冲洗干净后,取下短管换上流量计。

(2)启动流量计运行工作。对有电信号运转的智能型流量计,先接好信号线和电源线,接通电源使仪表正常工作。然后,缓慢打开流量计后面的调节阀(也称出口阀),最后缓慢关闭旁通阀。用流量计出口的调节阀调节流量计,使流量计在正常流量运行。

(3)如果被测气体的温度较高,与环境温度的温差较大,则流量计运行前应注意对其计量系统进行预热,使流量计及其管路系统缓慢升温。防止出现因转子受热膨胀过快而外壳环境温度低、膨胀速度慢致使转子卡死故障。

(4)流量计运行后,定时巡视各项运行参数的变化,并做好记录:包括温度、压力、流量等数据。同时检查整个计量系统振动、噪声、泄漏等工况以及过滤器前后压差状况。

经稳定运行一段时间后,试运行结束。

2. 正常运行维护

(1)经常注意被检测气体的流量、温度、压力等参数是否符合流量计规定范围。如果偏离较大,应查明原因,进行相应调节。如当压差明显上升时,则表明可能出现机械故障或阻塞,这时应将流量计从管道中拆下并进行内部检查。

(2)启动和停运流量计工作仍按试运时的顺序进行。严格执行岗位操作规程、流量计检定(或校正)操作规程、流量计故障处理、停运程序、备用流量计启动及旁通阀封印等规定。

(3)定期对整个计量系统(包括流量计、阀门和管路系统,过滤器等配套设备,温度计、压力表、密度计等测量仪表,安全阀、限流阀和整流器等保护设备,以及流量计显示仪表、记录装置、补偿装置等辅助仪表仪器等)进行检查、维护和检验。对于属于国家强制检定范围的计量仪表必须按时进行周期检定。

3. 常见故障分析及处理

气体腰轮流量计常见故障分析及处理方法见表6-6。

表6-6　气体腰轮流量计常见故障分析及处理方法

序号	常见故障	原因分析	处理方法
1	表芯内各齿轮不转或转动不灵活	表芯各传动齿轮、蜗轮、蜗杆磨损	更换表芯
		传动轴轴承磨损,孔径变大或变形	
2	没有流量记录、转子不转动、转子转动正常而计数器不计数	有杂质进入流量计,使转子卡死	检查过滤网有无损坏和清洗流量计内部
		过滤器堵塞、过滤网罩堵塞	清洗或更换滤芯和网罩
		被测气体压力过小	增大系统压力
		计量室进入异物(如焊渣、沙砾、锈蚀物等)、管道中有障碍物	打开计量室取出异物,修复转子表面,检查管道或阀门,保证畅通的流体通道
		指示轮或减速齿轮不转动	检查仪表转子自由旋转情况
		管道内无气流	检查流程

序号	常见故障	原因分析	处理方法
2	没有流量记录、转子不转动、转子转动正常而计数器不计数	变速齿轮啮合不良	卸下计数器,检查各级变速器和计数器
		各连接部分脱铆或销子脱落	检查磁性联轴器,或机械密封联轴器传动情况(注意:不要使磁性联轴器承受过大的转矩,否则,会因产生错极而去磁)
		各计数轮内齿磨损或脱落	更换计数器
		计数器轴支架损坏	
		安装不当	调整安装管道
3	表芯齿轮不转,计数器不工作	磁钢套与转轴脱落或磁钢套与转轴之间的固定螺栓松动	重新固定磁钢套
		磁钢从磁钢套上脱落	重新固定磁钢
4	指针反转,字轮转动数字由大到小	流程倒错,流体流动方向与壳体箭头所示方向相反	停止运动,按箭头所示方向,使流体流动
5	流量积算显示仪显示误差大	有干扰信号	排除干扰可靠接地
		显示仪有故障	用自校"检查仪"检查
		显示仪与脉冲发讯器阻抗不匹配	加大显示仪的输出阻抗使之匹配
6	计量误差过大	流量计示值偏差	进行流量计检定校准
		旁通管路泄漏	关紧旁通阀
7	误差变负(指示值小于实际值)	流量超出规定范围	使流量在规定范围内运行或更换合适的流量计
		转子等转动部分不灵活	检查转子、轴承、驱动齿轮等,更换磨损零件
8	误差变正(指示值大于实际值)	流量有大的脉动	减小管路中流量的流动
9	流量计工作时噪声过大、异响	润滑不好	更换补充润滑油
		轴承出现磨损或轴承钢球碎裂造成转子与计量室和墙板之间出现摩擦	更换轴承
		管道不平齐或有应力	排除管道应力
		转子摩擦外围构件	向厂家提出更换,手工转动转子,听是否有摩擦声
		计量室内有杂物	清洗仪表
		流量过大,超过规定的范围	调整流量到规定的范围
		止推轴承磨损,腰轮组与中隔板或壳体摩擦,或该部位紧固件松动	打开下盖调整止推轴承的轴向位置,拧紧螺栓

序号	常见故障	原因分析	处理方法
10	渗漏、泄漏现象	O形圈老化失效	更换O形圈
		压盖过松,填料磨损,机械密封联轴器漏油	拧紧压盖,更换密封填料,加填密封油
		紧固件松动	固紧紧固件
		螺栓松动	拧紧螺栓
11	起步流量故障	流量计负载超过范围	选用量程大小合适的流量计
		流量计旁路有泄漏	检查旁路和阀门
		仪表内部有机械摩擦	检查润滑油位和油的清洁度
12	二次仪表显示不正常	传感器部分故障	检查传感器部分工作状况
		显示屏故障	检查显示屏接触是否可靠及电路部分供电情况

第三节　气体涡轮流量计测量天然气流量

一、气体涡轮流量计的结构特点

气体涡轮流量计作为最通用的流量计之一,是一种速度式流量计,它具有压力损失小、精度高、量程比大、抗震与抗脉动流性能好、可靠性高等特点。该类型产品广泛用于输配气管网

视频6-2　气体涡轮流量计

天然气、城市天然气、煤制气、液化气、轻烃气等领域的贸易计量。在欧洲和美国,气体涡轮流量计是仅次于孔板流量计的天然气计量仪表。气体涡轮流量计见视频6-2。

气体涡轮流量计具有如下特点:

(1)准确度高。气体涡轮流量计,全量程准确度一般为1.0% ~ 2.0%。高准确度型为0.5% ~1.0%,可见在所有流量计中气体涡轮流量计属于高准确度的一种。

(2)重复性好。一般可达0.05 % ~0.2%。由于其有良好的重复性,通过经常校准或在线校准后仍可达到极高的准确度,在贸易结算中是优先选用的流量计之一。

(3)范围度宽。中大口径一般可达20:1以上,小口径为10:1,始动流量(流量计开始连续指示的流量,此时不计示值误差)也较低。

(4)压力损失较小,在常压下一般为0.1 ~2.5kPa。

(5)无可动部件,可靠性高。结构紧凑,体积轻巧,安装使用比较方便,流通能力大。

(6)可采用多种显示方式。可只带机械计数器或只配普通型流量积算仪,也可在机械计数器上增加温压补偿仪,或只带温压补偿仪,且可长期采用电池供电(可连续运行两年以上,有的产品长达五年),使用方便。

(7)由于一般采用脉冲频率信号输出,适于总量计量及与计算机连接,无零点漂移,抗干

扰能力强。同时若采用高频信号输出,可获得很高的频率信号3~4kHz,信号分辨力强。

(8)对于大口径测量可制成插入型,压力损失小,价格低;可不断流取出;安装维护方便。

如图6-5所示,以轴流式为例,气体涡轮流量计传感器的结构主要包括:壳体、前导流器、后导流器、导流圈、叶轮(涡轮)、防尘迷宫件、轴承、主轴、内藏式储油管、加油系统、讯号发生盘、信号传感器、压力传感器、温度传感器、内藏式四通阀组件等。涡轮流量计工作原理见视频6-3。

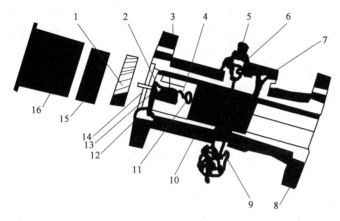

视频6-3 气体涡轮流量计工作原理

图6-5 气体涡轮流量计传感器结构分解图
1—叶轮;2—轴承;3—储油管;4—压板;5—四通阀组件;6—压力传感器组件;
7—温度、信号传感器组件;8—壳体;9—油泵组件;10—后导流器;
11—发讯盘组件;12—机芯;13—防尘迷宫件;14—主轴;
15—导流圈;16—整流器

当气流进入流量计时,前导流体先将流体导直并加速,由于涡轮叶片与流体流向成一定角度,此时涡轮会产生转动力矩,使涡轮在流体的动能作用下受力旋转,流体的流速越高,动能越大,涡轮的转速就越高。在规定的流量范围和一定的流体黏度下,转速与流速成线性关系,因此,测出叶轮的转速或转数,就可确定流过管道的流体流量。对于机械计数器式的涡轮流量计,可通过传动机构带动计数器旋转计数;对于采用电子式流量积算仪的流量计,涡轮的转动又会引起磁电转换器的磁阻值发生周期性改变,进而使检测线圈中的磁通发生周期性变化,从而产生周期性的感应电势,即脉冲信号。脉冲信号再经放大器放大后,送至显示仪表显示。该脉冲信号的频率与流体体积流量成正比,即

$$q_V = \frac{f}{K} \qquad (6-58)$$

式中　q_V——操作条件下瞬时体积流量,m^3/s;

　　f——输出工作频率,由频率计采集得到,Hz;

　　K——涡轮流量计的仪表系数,即单位体积流体通过流量计时输出的脉冲数,在流量计的使用范围内为常数,1/L 或 $1/m^3$。

气体涡轮流量传感器各主要零部件的功能如下:

(1)壳体:是传感器的主要部件,它起到承受被测气体的压力,固定安装检测部件,连接管线的作用。根据实际需要其材料可选用硬铝合金、不导磁的铸钢和不锈钢等。对于大口径传感器可选用碳钢与不锈钢组合的镶嵌结构。

(2)前导流器:对被测气体起压缩、整流、导向、支撑叶轮的作用,与导流圈一起使用时还

起到固定导流圈的作用。其材料可选用铝合金、不导磁不锈钢、锌合金、塑料等。

（3）后导流器：起到支撑轴承、机芯、加油连接件，防止灰尘进入机芯的作用。对于反推式涡轮流量传感器的后导流器还具有能产生足够的反推力的作用。后导流器的材料为铝合金或锌合金。

（4）导流圈：对被测气体进行导向、节流、调整流量的作用；对仪表流量范围分段具有重要作用。导流圈的材料采用铝合金等。

（5）叶轮（涡轮）：由支架中轴承支撑，与表体同轴，其叶片数目视口径大小而定。叶轮有直板叶片或螺旋叶片等几种，可由高导磁材料制造，其高频信号可由叶轮切割电感传感器产生，也可选用塑料或铝合金材料制造，并在其上镶嵌导磁体或磁体。对气体涡轮流量计而言，当通径 $DN \leqslant 200mm$ 时，可选用塑料或铝合金材料；当 $DN > 200mm$ 时，应选用铝合金材料。铝合金涡轮制造成本高，但稳定性好，强度高，维修费用低。作为传感器的检测元件，叶轮具有接受流体的动量、克服阻力矩的作用，是齿轮传动机构的动力源。

（6）防尘迷宫件：可避免灰尘进入机芯，起保护轴承的作用，其质量的好坏直接影响着涡轮流量计寿命。实践证明，静密封比动密封防尘效果好，最好与涡轮一起设计形成径向迷宫。

（7）轴承：具有支撑主轴和叶轮旋转，减少转动轴摩擦阻力的作用，它和主轴一起决定传感器的可靠性和使用期限。传感器失效通常是由轴与轴承引起的，因而其结构与材料的选用及维护十分重要。通常采用加工精度高，低噪声，有足够的刚度、强度、硬度以及耐磨耐腐蚀的不锈钢材料制造。

（8）主轴：起传动支撑作用，它与轴承的装配结构、装配精度以及主轴本身的同轴度直接影响着流量计准确度及使用寿命。主轴的材料应选用耐磨性好、高硬度的不锈钢材料。

（9）内藏式储油管：对于采用加油系统的涡轮流量传感器，一般采用该结构件作为加油系统的缓冲装置。它可有效避免一次加油过量而影响仪表准确度和造成机芯污染，也可有效避免使用过程中因失油造成轴承损伤。对于不采用加油系统的涡轮流量传感器，无此构件。

（10）加油系统：由油杯组件、止回阀、油管、接头、密封圈等组成。

（11）讯号发生盘：可与涡轮同步转动，周期性改变磁场强度，由磁传感器将叶轮旋转的高频信号检测输出。它由铝合金或塑料圆盘镶嵌磁体或导磁体组成。若涡轮采用高导磁性材料制成，或其上已镶嵌有导磁体或磁体，则无须该部件。

（12）信号传感器：感应涡轮或信号发生盘产生的磁场变化，产生脉冲信号，并传递给前置放大器。目前国内常用的是变磁阻式信号传感器，其电磁感应器件分两种，即磁阻式磁电感应转换器和半导体磁阻传感器。

①磁阻式磁电感应转换器。如图 6-6 所示，磁阻式磁电感应转换器由永久磁钢、导磁棒（铁芯）和线圈等组成。当涡轮转动时，涡轮或信号发生盘上的导磁体切割磁力线运动而改变了磁路的磁阻，从而电感线圈输出感应电动势，其强度随磁路的磁阻变化而变化，经放大器放大后输出频率与流速成正比的脉冲信号。

②半导体磁阻传感器，其工作原理如图 6-7 所示。磁阻传感器是由半导体材料通过特殊工艺制作而成，其特点为在外磁场的作用下其电阻值发生显著变化。这是因为磁阻传感器对磁场灵敏度高，随着涡轮或信号发生盘的旋转，其电阻值也发生交替变化。在外电源激励下通过桥路即可检测出半导体磁阻传感器上产生的电压变化，再经放大器放大，输出频率与流量成正比的脉冲信号。

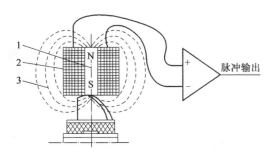

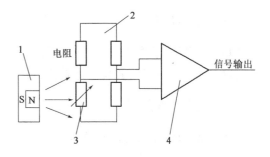

图 6 - 6　磁阻式磁电感应转换器
1—永久磁钢和导磁棒;2—线圈;3—磁力线

图 6 - 7　半导体磁阻传感器
1—旋转磁场;2—桥路;3—磁阻传感器;4—放大器

（13）压力传感器:一般为压阻式传感器,带有温度压力修正功能的流量计均有该部件。

（14）温度传感器:一般为铂电阻,也可用数字温度传感器,带有温度压力修正功能的流量计均有该部件。

（15）内藏式四通阀组件:一般是一体化温压补偿型气体涡轮流量计有该部件。

二、气体涡轮流量计的计量性能要求

（一）准确度等级

根据 JJG 1037—2008《涡轮流量计检定规程》中的规定,气体涡轮流量计在规定的流量范围内,准确度等级最大允许误差应符合表 6 - 7 的规定。其中,分界流量参考表 6 - 8 规定。GB/T 21391—2008《用气体涡轮流量计测量天然气流量》中规定,一体化智能流量计在其指定的流量范围内,其误差应不大于 ±1.5%。

表 6 - 7　最大允许误差

准确度等级		0.2	0.5	1.0	1.5
最大允许误差	$q_{min} \leq q < q_t$	±0.2%	±1.0%	±2.0%	±3.0%
	$q_t \leq q < q_{max}$		±0.5%	±1.0%	±1.5%

表 6 - 8　分界流量 q_t

量程比($q_{max} : q_{min}$)	10 : 1	20 : 1	30 : 1	≥50 : 1
q_t	$0.20 q_{max}$	$0.20 q_{max}$	$0.15 q_{max}$	$0.10 q_{max}$

（二）重复性

GB/T 21391—2008《用气体涡轮流量计测量天然气流量》中规定,每台流量计各流量点操作条件下流量的重复性应不超过流量计最大允许误差的 1/3,一体化智能流量计的重复性应不超过流量计最大允许误差的 1/2。

（三）校准

GB/T 21391—2008《用气体涡轮流量计测量天然气流量》中规定,应根据用户规定的工作压力,对流量计在一个或多个压力下进行校准,如果流量计在校准压力下 p_{test} 进行校准,那么该流量计适合的工作压力范围为 $0.5 p_{test} \sim 2.0 p_{test}$。

(四)短期过载

GB/T 21391—2008《用气体涡轮流量计测量天然气流量》中规定,流量计应能在$1.2p_{test}$流量下运行30min不损坏,并且不影响流量计的性能。

(五)工作温度范围

GB/T 21391—2008《用气体涡轮流量计测量天然气流量》中规定,满足流量计性能要求的气流温度范围至少应为$-10 \sim 40 \text{℃}$。

(六)安装条件

安装条件对流量计的影响应不大于最大允许误差的1/3。安装条件对流量计的影响试验参见GB/T 18940—2003《封闭管道中气体流量的测量 涡轮流量计》附录E进行。

(七)最大允许压损

在气体压力为大气压力,用空气作为测试介质时,一台新的涡轮流量计在q_{max}下进行测试的压损应低于表6-9列出的值。不同类型和口径的流量计或流量计组件的压损数据由生产厂家提供。

表6-9 流量计的最大压损

项目	高流速	正常流速(推荐值)	低流速
压损,Pa	1000	1500	2500

三、气体涡轮流量计的选用原则

气体涡轮流量计的选用关系到其测量效果和稳定运行。只有当选择的仪表与所测工况条件相匹配时,才能保证仪表的稳定使用,从而提高生产效益。涡轮流量计的选用需从以下七个方面考虑。

(一)准确度等级

流量计准确度等级的高低取决于企业用于内部交接计量(用于内部核算),还是外部贸易交接计量(用于双方财务结算)。如果用于企业内部交接计量,可以选择准确度等级相对低一些的流量计;如果用于外部贸易交接计量,则按国家规定及双方协定配备准确度等级较高的流量计。

一般来说,选用涡轮流量计主要是因其具有高精确度,但流量计准确度越高,对现场使用条件的变化就越敏感,所以,应从经济角度慎重选择。对于大口径输气管线的贸易结算仪表,在仪表上多投入是合算的,而对于输送量不大的场合,则选用中等精度水平的即可。

(二)流量范围

涡轮流量计流量范围的选择对流量计口径的选择、精确度及使用年限有较大的影响。当影响天然气管道、管网输量均衡的因素增多,输气量波动性较大时,应选择流量范围较宽的流量计。对于一般天然气长输管线、城市燃气管网主干线应选用中高压、大口径流量计;对于支线管道或者终端用户宜选用中低压、中小口径、中小排量的流量计。

选择流量范围的原则是:使用时的最小流量不得低于仪表允许测量的最小流量;使用时的最大流量不得高于仪表允许测量的最大流量。所选择的流量计应是正常使用时均能运行在仪表系数处于线性的区域。

从使用寿命安全角度考虑,流量范围的选择应有余地。对于每日仪表实际运行时间不超过8h的间歇工作场合,选择实际使用时最大流量的1.3倍作为流量范围上限,并以此来选择传感器口径;对于每日仪表实际运行时间不低于8h的连续工作场合,选择实际使用时最大流量的1.4倍作为流量范围上限,并以此来选择传感器口径。以实际使用最小流量的0.8倍作为仪表下限流量。

(三)压力损失

流体通过涡轮流量计的压力损失越小,则流体由输入到输出管道所消耗的能量就越少,即所需的总动力将减少,从而可极大节约能源,降低输送成本,提高利用率,因而应尽量选用压力损失小的涡轮流量计。另外,涡轮流量计的前导流器是影响压损的主要组件,选用半椭球体型的前导流器要比选择锥体型的前导流器更能大幅度降低涡轮流量计的压损。

(四)结构型式

(1)内部结构宜选用反推式涡轮流量计。反推式结构在一定流量范围内可使叶轮处于浮游状态,使轴向不存在接触点,且无端面摩擦和磨损,从而延长轴承的使用寿命。

(2)按管道连接方式选型。流量计有水平和垂直安装两种方式,水平安装与管道连接方式有法兰连接、螺纹连接和夹装连接。对于中等口径选用法兰连接;对于小口径和高压管道选用螺纹连接;低压中小管径选用夹装连接。垂直安装与管道连接方式只有螺纹连接一种。

(3)按环境条件选型。选用涡轮流量计时还应考虑温度、湿度的影响。天然气计量要选择本安型防爆涡轮流量计。

(五)轴承

涡轮流量计的轴承的材质一般有碳化钨、聚四氟乙烯、碳石墨三种类型。天然气计量仪表应选用碳化钨材料的轴承。

(六)介质条件

根据被测气体的洁净程度选择相应的流量传感器。涡轮流量传感器最适宜测量洁净的单相气体,相比较而言,管输天然气洁净程度优于井口天然气;液体石油气洁净程度优于人工燃气;液化天然气洁净程度优于管输天然气。

(七)经济性

经济性主要从流量计购置费用、辅助设备购置安装费用、运行维护费用及管理费用等方面均衡考虑。

(1)购置费用。同一规格型号的流量计价格差异较大,比如进口产品往往比国产产品或合资产品价格高出1倍或2倍以上。如果再加上运输、调试、零配件购置储备,其总费用有大幅度增加。

（2）辅助设备购置安装费用。有的类型流量计由于其流量特性要求流动状态、流场要符合某些技术要求，需增加直管段、过滤器、整流器等辅助设备，使设备的购置费、安装费增加。

（3）运行维护费用及管理费用。有活动件的流量计比没有活动件的流量计的故障率、更换零部件频率大，使运行维护费用增加，同时还会影响正常输供气。

四、气体涡轮流量计的运行与维护

为了保证气体涡轮流量计能长期正常运行，必须经常检查其运行状况，做好日常维护工作，发现问题及时解决。

（1）流量计在开始安装前，应清扫管路，去除管道内所有堆积的焊渣、石块、粉尘、铁锈及其他的管路碎屑等。

（2）现场安装、维护时，必须遵守"有爆炸性气体时勿开盖"的警告语，并在开盖前关掉外电源。

（3）涡轮流量计投运前首先进行仪表系数的设定，再仔细检查，只有确定流量计接线无误、接地良好后，才可通电。

（4）应在规定的流量范围内进行涡轮流量计的选型，以防长时间的超速运行，从而保证涡轮流量计具有理想准确度和正常使用寿命。由于试压、吹扫管道或排气都会造成超速运转，以及涡轮在反向流中运转都可能会使流量计损坏，所以只允许在 30min 内超限 20%。

（5）定期巡查流量计外观，检查铅封是否完好、接头是否牢固、引线穿管是否完好无破损，加油泵操作是否顺畅。

（6）定期巡查显示仪表工作状况（通过"自校"挡），评估显示仪表的流量、温度、压力读数是否正常。如存在不正常现象，应及时检查处理。电子显示流量计应经常检查电池欠压情况，及时更换电池。

（7）定期对流量计进行清洗、检查。切忌用高温蒸汽清洗或流经流量传感器，以免损坏有关配件。

（8）需要加油的流量计需定时定量加注专用润滑油。应根据生产厂家建议的润滑油加注周期、数量和品种定期注入润滑油，以维护叶轮良好运行。加润滑油的次数按气质洁净程度而定，通常每年 2～3 次。加润滑油时，按仪表配置的警示牌要求，将油注入油杯，再前后摇动加油泵进行加油。

（9）通过监视过滤器压差变化来判断过滤器是否堵塞，防止流动异常或供气中断，并定期进行污物排放和滤芯清洗，保持过滤器畅通。当过滤器被杂质堵塞时，过滤器入口和出口处压力表的读数差会增大。当过滤器出现堵塞时，应及时排除污物，否则，会严重降低流量。

（10）在进行所有流体静压试验和清扫管路操作期间，应拆下流量计或流量计机芯，以避免测量部件的损坏。

（11）对于大流量贸易结算计量，为保证流量计的准确度，必须经常对流量计进行校验。因流量计的长期运行会导致轴承磨损，而使仪表系数 K 发生变化，所以需要按期送检流量计，进行检定调校。流量计检查周期取决于气质状况，应结合运行情况确定适当的检查周期。按检定规程 JJG 1037—2008，1.0 级流量计检定周期为 2 年。现场应配备在线校验设备，或配备可移动式校验装置,虽然一次性投资较大,但从长远经济利益考虑是值得的。若超差无法调校到规定的准确度等级,则应更换机芯或整个流量传感器。

(12)流量计投运时应缓慢地加压开启阀门,防止瞬间气流冲击而损坏涡轮。

(13)未安装旁路管道的流量传感器,应以中等开度开启流量传感器上游阀,然后再缓慢开启下游调节阀。以较小流量运行一段时间(如 10min),然后全开上游阀,再适当开大下游阀,调节到所需流量(注意调节流量只能用下游调节阀)。

(14)对装有旁路管道的流量传感器,全开旁路阀门,运行一段时间后(如 5 ~ 10min)再以中等开度开启流量传感器上游阀,稍后再缓慢开启下游阀,逐渐关小旁路阀,使仪表以较小的流量运行一段时间。然后全开上游阀,全关旁路阀,根据需要调节下游调节阀开度至所需流量。

(15)尽量使流量计在仪表系数曲线线性区域运行,杜绝和防止长时间超流量运行。

(16)流量计不宜用在频繁中断和/或有强烈脉动流或压力波动的场合。

(17)对运行中的流量计,通过观测其产生的噪声或振动,了解流量计的工作情况。在较低流量时,如果常能听到涡轮叶轮的摩擦声和轴承工作不良的声音(这种噪声不会被正常的流动噪声掩盖),则表明流量计的工作异常;当流量计产生剧烈振动时,通常表明涡轮叶轮已失去平衡并损坏,这会导致流量计完全失效。

(18)可在自然通风环境中进行一次自转测试,把测得的自转时间和制造厂新流量计所规定的值进行对比,以便了解流量计轴承的使用情况。

(19)流量计运行时不允许随意打开流量计表头前后盖,不能轻易变更流量计传感器中的接线和参数,否则将影响流量计的正常运行。一般双方计量交接员对其进行铅封,需要变更时双方人员到场确认。

(20)若发生故障,显示机构不计数或时断时续不准确时,则应停运并及时启用备用流量计。事后应对故障流量计故障期间的影响流量正确估算,妥善公平处理。

(21)涡轮流量计常见故障及处理方法见表 6 – 10。

表 6 – 10　涡轮流量计常见故障及处理方法

序号	常见故障	原因分析	处理方法
1	流体正常流动时无显示,总量计数器字数不增加	检查电源线、熔断丝、功能选择开关和信号线有无断路或接触不良	用欧姆表排查故障点
		检查显示仪内部印刷版、接触件等有无接触不良	印刷版故障检查可采用替换"备用版"法,换下故障版再作细致检查
		检查检测线圈	做好检测线圈在传感器表体上位置标记,旋下检测头,用铁片在检测头下快速移动,若计数器字数不增加,则应检查线圈有无断线和焊点脱焊
		检查传感器内部故障,上述三项检查均确认正常或已排除故障,但仍存在故障现象,说明故障在传感器流通通道内部,可检查叶轮是否碰传感器内壁,有无异物卡住,轴和轴承有无杂物卡住或断裂现象	去除异物,并清洗或更换损坏零件,复原后气吹或手拨动叶轮,应无摩擦声,更换轴承等零件后应重新校验,求得新的仪表系数

序号	常见故障	原因分析		处理方法
2	未进行减小流量操作,但流量显示却逐渐下降	按所列先后顺序检查	过滤器是否堵塞,若过滤器压差增大,说明杂物已堵塞	清除过滤器
			流量传感器管段上的阀门出现阀芯松动,阀门开度自动减少	从阀门手轮是否调节有效判断,确认后再修理或更换
			传感器叶轮受杂物阻碍或轴承间隙进入异物,阻力增加而流速减慢	卸下传感器清除异物,必要时重新校验
3	流体不流动,流量显示不为零,或显示值不稳		传输线屏蔽接地不良,外界干扰信号混入显示仪输入端	检查屏蔽层、显示仪端子是否良好接地
			管道振动,叶轮随之抖动,产生误差信号	加固管线,或在传感器前后加装支架防止振动
			截止阀关闭不严泄漏所致,实际上仪表显示泄漏量	检修或更换阀
			显示仪内部线路板之间或电子元件变质损坏,产生的干扰	采取"短路法"或逐项逐个检查,判断干扰源,查出故障点
4	显示仪示值与经验评估值差异显著		传感器流通通道内部故障如受流体腐蚀,磨损严重,杂物阻碍使叶轮旋转失常,仪表系数变化叶片受腐蚀或冲击,顶端变形,影响正常切割磁力线,检测线圈输出信号失常,仪表系数变化;流体温度过高或过低,轴与轴承膨胀或收缩,间隙变化过大导致叶轮旋转失常,仪表系数变化	查出故障原因,针对具体原因寻找对策
			传感器背压不足,出现气穴,影响叶轮旋转	查出故障原因,针对具体原因寻找对策
			管道流动方面的原因,如未装止回阀出现逆向流动;旁通阀未关严,有泄漏;传感器上游出现较大流速分布畸变(如因上游阀未全开引起的)或出现脉动液体受温度引起的黏度变化较大等	查出故障原因,针对具体原因寻找对策
			显示仪内部故障	查出故障原因,针对具体原因寻找对策
			检测器中永磁材料元件时效失磁,磁性减弱到一定程度也会影响测量值	更换失磁元件
			传感器流过的实际流量已超出该传感器规定的流量范围	更换合适的传感器

第四节 超声流量计测量天然气流量

一、超声流量计的工作原理及结构特点

超声流量计,又名超声波流量计。应用超声波原理测量流量始于1928年,20世纪70年代超声流量计仅限于测量液体流量,20世纪90年代形成气体超声流量计使用高潮。气体超声流量计是一种利用超声波速差法原理进行流量测量的速度式流量计,具有量程比宽、准确度高、无压力损失、节省能源、无运动部件、维护工作量小、结实耐用等特点,并且不易受到安装环境、噪声以及杂物、脏物等影响,具有十分良好的适应性,其性价比要远远高于孔板流量计,是继孔板流量计、涡轮流量计之后第三种适用于高压、大口径、高准确度的天然气流量计,其对于提升天然气计量水平具有十分显著的作用,现已成为高压大口径输气管道中首选的流量计类型,是天然气贸易交接的理想流量计。按测量原理不同,超声流量计常用的测量方法有:传播速度差法(包括直接时差法、时差法、相位差发、频差法)、多普勒法、波束偏移法、噪声法、相关法、空间滤波法等。

(一)超声流量计的工作原理

1.时差法超声气体流量测量工作原理

如视频6-4所示,时差法是在流动气体中的相同行程内,用顺流和逆流传播的两个超声信号的传播时间差来确定沿声道的气体平均流速所进行的气体流量测量方法。时差法超声气体流量测量是目前气体超声流量计应用较多的测量方法。

如图6-8所示,A和B分别是两个安装在管道两侧能发射和接收声脉冲的超声换能器,其中一个超声换能器发射超声波脉冲,被另一个超声换能器接收,这样,两个超声换能器间的通道便构成了声道。声道与管轴线间的夹角为 ϕ,管径为 D,声道长度为 L,声道距离为 X。当超声换能器A发射的超声波信号经过被测气体被换能器B接收所经历的时间为顺流时间;超声换能器B发射的超声波信号经过被测气体被换能器A接收所经历的时间为逆流时间。当管道气体相对换能器静止时,超声波上下游两路信号速度相等,而顺逆流传播的距离相等,则有顺逆流时间相等,时间差为零;管道气体流动时,顺流传送的声脉冲被气流加速,而逆流传送的声脉冲则会被减速。由于超声波在这两条路径上通过的距离是相等的,使得超声波顺流

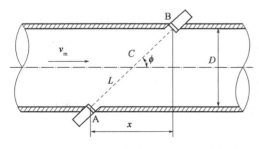

图6-8 时差法超声流量测量原理示意图

视频6-4 时差法超声气体流量测量工作原理

的传播时间与逆流的传播时间不相等,产生时间差。被测气体流速越大,所产生的时间差也越大,只需要知道时间差就能计算得到气体流速,这就是时差法测速的原理。

1)气体流速的计算

超声波在顺流方向历经的时间,即顺流时间为

$$t_D = \frac{L}{C + v_m \cos\phi} \tag{6-59}$$

超声波在逆流方向历经的时间,即逆流时间为

$$t_U = \frac{L}{C - v_m \cos\phi} \tag{6-60}$$

式中　t_D——声脉冲顺流传播的时间,s;

　　　　t_U——声脉冲逆流传播的时间,s;

　　　　L——声道长度,m;

　　　　C——声波在气流中的传播速度,m/s;

　　　　v_m——沿声道和轴线构成的平面上的轴向平均流速,m/s;

　　　　ϕ——声道与管轴线间的夹角。

由图6-8可知:

$$\cos\phi = \frac{X}{L} \tag{6-61}$$

由式(6-59)、式(6-60)、式(6-61)三式可推算出沿声道和轴线构成的平面上的轴向平均流速 v_m 为

$$v_m = \frac{L^2}{2X} \frac{t_U - t_D}{t_U t_D} \tag{6-62}$$

式中　v_m——沿声道和轴线构成的平面上的轴向平均流速,即该声道的(面)平均流速,m/s;

　　　　L——声道长度,m;

　　　　X——声道距离,m;

　　　　t_U——声脉冲逆流传播的时间,s;

　　　　t_D——声脉冲顺流传播的时间,s。

由式(6-79)、式(6-80)两式可推出声速 C:

$$C = \frac{L}{2} \frac{(t_U + t_D)}{t_U t_D} \tag{6-63}$$

式中　C——声波在气流中的传播速度,m/s。

速度分量的平均值,即沿声道和轴线构成的平面上的轴向平均流速 v_m,它与管道内的(体)平均流速 v(即管道横截面 A 上的平均流速)的关系为:

$$v = k_c v_m \tag{6-64}$$

式中　k_c——速度分布校正系数。

如果声道在通过管道轴线的平面内,则由式(6-65)给出 k_c 的一个近似值(可以有多个近似值):

$$k_c = \frac{1}{1.12 - 0.011 \lg Re_D} \tag{6-65}$$

式中 Re_D——雷诺数。

对于充分发展的紊流,如果声道不在通过管道轴线的平面内(即沿着倾斜的弦线),则 k_c 系数及它与雷诺数的关系都将不同。

在许多实际场合,只知道雷诺数的范围,此时可选择一个应能在给定的雷诺数范围内最大限度地减小相对于真值的偏差的固定的 k_c 系数值。例如,当弦线横向位置为 $R/2$ 时,在雷诺数为 $10^4 \sim 10^8$ 范围内,k_c 的平均值为 0.996。

2) 气体工况流量的计算

气体体积流量计算公式如下:

$$q_V = Av = \frac{\pi D^2}{4} k_c v_m \tag{6-66}$$

2. 多声道超声气体流量测量工作原理

气体超声流量计有单声道和多声道之分,只有一个声道的流量计称为单声道气体超声流量计,有两个或两个以上声道的流量计称为多声道气体超声流量计。它们都是利用时间传播法原理来测量气体流量的。在多声道气体超声流量计中,声道可能是相互平行的(图6-9),也可能是其他取向。用于将各个声道的测量值转化为管道横截面 A 上的平均流速 v 的方法随流量计结构的变化而变化,并非都使用前述的速度分布校正系数法,而是采用数字积分技术法进行计算。

图6-9 四声道气体超声流量计

在多声道的超声流量计中,根据各个声道的(面)平均流速与流速分布系数的关系,可以估计得到管道内气体的(体)平均流速公式:

$$v = \sum_{i=1}^{N} W_i v_i \tag{6-67}$$

式中 W_i—— 不同声道的权重系数,取决于所采用的积分算法;

v_i——第 i 声道 L 的(面)平均流速,它是通过测量顺流和逆流超声波历经时间,计算出时间差,进而计算出的(面)平均流速。

$$q_V = Av = A \sum_{i=1}^{N} W_i v_i \tag{6-68}$$

理论上,虽然声道数越多精度越高,但是实践证明,当横截面声道数达到四声道时,再增加声道数对精度的贡献会很小,而成本却大幅度增加。

(二)气体超声流量计的结构特点

气体超声流量计由超声换能器、信号处理电路、流量显示及积算系统三部分组成。如图6-10(视频6-5、视频6-6)所示,上游超声换能器 A1 将电能转换为超声波能量,发射超声波束穿过被测流体,由上游超声换能器 A2 接收超声波信号,然后经电子线路放大、滤波处理后转换为代表流量的电信号,供给显示和积算仪表进行显示与积算,从而实现流量的检测和显示。

视频6-5 气体超声流量计使用现场

视频6-6 气体超声流量计结构

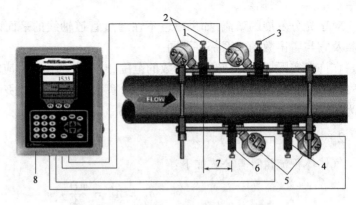

图6-10 气体超声流量计结构示意图

1—上游超声换能器 A2;2—带前置放大器的接线盒;3—下游超声换能器 B2;
4—下游超声换能器 B1;5—接线盒;6—上游超声换能器 A1;
7—声道距离;8—流量显示及积算系统

1.超声换能器

超声换能器是一种电声转换器(分为发射换能器和接收换能器),它可把声能转换成电信号,也可把电信号转换成声能,一般都是成对安装并同时工作(视频6-7)。常用的是压电换能器,即利用压电材料的压电效应,采用适应的发射电路把电能加到发射换能器的压电元件上,使其产生超声波振动,然后超声波以一定角度射入流体,并在流体中传播,再由接受换能器接收,经压电元件变为电能,以便检测。其中,发射换能器利用压电元件的逆压电效应,而接受换能器则利用其压电效应。对超声换能器主要性能要求是:

视频6-7 超声换能器

(1)足够的机械强度、灵敏度和合适的声束指向性。
(2)信号波形畸变小,无杂波,对脉冲信号前沿要陡峭为佳。
(3)密封性好。
(4)耐环境腐蚀、振动、温度变化波动等。
(5)安装方便等。

1)压电元件

压电元件是超声换能器的核心,由 PZT(锆钛酸铅)、PVDF(聚偏氟乙烯)等压电材料制成。超声换能器常用的 PZT 压电薄片一般为圆片、半圆片、方形和矩形。薄片直径超过其厚度的10 倍,以保证振动的方向性。为固定压电元件,使超声波以合适的角度射入气体中,需把压电元件固定在声道中,构成换能器整体。图6-11 为几种实用超声流量传感器的结构示意图。

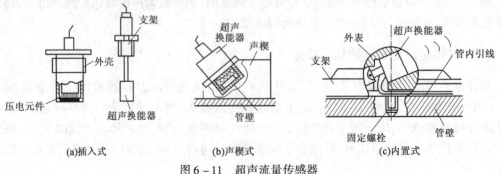

(a)插入式   (b)声楔式   (c)内置式

图6-11 超声流量传感器

2）换能器的硬件构成及特点

时差法超声流量计换能器的硬件主要由微处理器系统、控制单元、发射单元、接收单元、键盘和显示单元组成。下面主要介绍微处理器系统、发射单元、接收单元。

（1）微处理器系统。微处理器系统是中央控制单元和数据处理单元在软件支持下控制工作程序，进行数据处理（完成各种运算、补偿、定标等），进行在线自诊断（用来检查故障的部位）。

（2）发射单元。发射单元主要是有一个平衡电容放电电路、高速可控硅作为充电元件，控制发射功率和脉宽。发射的周期和脉宽视管径大小而异，周期为 10ms 左右，脉冲越窄越好，发射电压达数百伏。发射单元所产生的高压发射脉冲经切换电路的开关传给指定的换能器。当对面的换能器收到声脉冲信号以后，经切换电路的开关，就进入接收单元。

（3）接收单元。由接收单元所接受的声脉冲信号首先被前置放大器放大，通过一个中心频率为 1MHz，带宽为数十千赫兹的带通滤波器，再通过可调增益放大器放大后，进入检波器。检波器实际上是一个比较器，将高于一定幅度的电压信号转化为数字脉冲信号，作为计时的停止指令，随后进行逆向声传播时间的测量。

3）声道

每一对换能器都是可逆的，可以交替发射和接收声信号。在一对发射和接收超声换能器间的超声信号的实际路径通常称为声道，按几何学声道应是线状的单声道的形状有 Z 式、V 式、W 式、X 式等，如图 6－12 所示。2～5 声道的多平行于圆管直径等距排列，或采用矩阵式排列，使声道在流速剖面上呈网状分布，如图 6－13（视频 6－8）所示。

视频6-8　超声流量计的声道

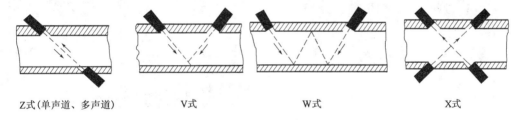

| Z式（单声道、多声道） | V式 | W式 | X式 |

图 6－12　超声流量计的一些传感器声道的型式

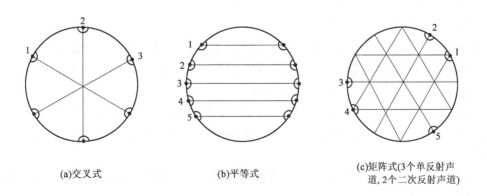

(a)交叉式　　　　(b)平等式　　　　(c)矩阵式(3个单反射声道，2个二次反射声道)

图 6－13　多声道超声流量传感器声道布置方式

2.超声流量计型式

(1)超声流量计按传感器使用方式可分为便携式和固定式(表6－11)。通常传感器中使用1~5对换能器,甚至更多,以提高流速测量的精确度。

表6－11 传感器的几种型式

使用方式	超声流量传感器(或换能器)		
	声道数		名称
便携式	1~2		声楔换能器(夹装式)
固定式	1~8	1	标准管段型(插入式换能器)
		2	声楔换能器(夹装式在现有管道上)
		3	插入式换能器(开孔安装)
		4	内置式换能器(固定在管内壁上)

(2)超声流量计按换能器安装方式可分为插入式和外夹式两种形式。当超声换能器与气体直接接触时,称为插入式(图6－14);当超声换能器不与气体直接接触时,称为外夹式(图6－15)。插入式流量计根据换能器的数量不同,分为单声道、双声道和多声道流量计。目前气体超声流量计有1~6声道流量计。根据超声波在管壁上的反射情况,又可分为直射、单反射和双反射三种。

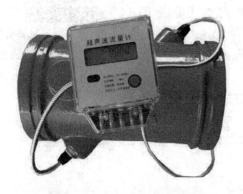

图6－14 插入式超声流量计

图6－15 外夹式超声流量计

(3)流量计按输出方式有脉冲输出、模拟输出和数字通信输出等。

3.气体超声流量计优点

(1)流量测量的影响因素少、准确度高、重复性好。高级超声流量计的精度优于0.5%,并可免实流测定,普通的超声流量计精度可达到1%。精度不易受气质和分层的影响,即使在表体内部有大量污垢的情况下,仍能保持高精度。

(2)具有高量程比,可达100:1,高容量,对上下游直管段的要求较低,因而安装成本低。

(3)无节流件,不影响流体的正常流动,不用对经过的流体进行加压,压力损失小,运行成本较低。

(4)超声流量计内部没有可动部件,其内表面经过特殊处理,可耐受硫化氢的腐蚀,使维护保养的时间间隔延长。

(5)所测流量与黏度、温度、压力和电导率无关。

(6)测量线性度好(时间差正比于流速)。

4.气体超声流量计缺点

(1)外夹式安装气体超声流量计由于管道条件的不确定性,造成较大误差;接触式安装气体超声流量计,安装较为麻烦。

(2)不耐高温,被测流体的温度最高不能超过200℃。

(3)用于中小管道的超声流量计的价格较高,其技术也较为复杂。

二、超声流量计的计量性能及通用技术要求

根据 GB/T 18604—2014《用气体超声流量计测量天然气流量》和 JJG 1030—2007《超声流量计检定规程》规定,气体超声流量计必须符合下面的计量性能及通用技术要求。

(一)超声流量计计量性能

1.准确度等级

准确度等级可以是非表中推荐的等级,如0.25、0.3、0.7等,只要满足相应关系,就可以出具检定证书。当气体超声流量计的准确度等级不是表中所推荐的等级时,如0.25、0.3、0.7等,其最大允许误差只要满足表6-12中相应的关系原则,就可以出具检定证书,并需要在该气体超声流量计的产品说明书及铭牌上明示。而且对于气体超声流量计,q_t 对应的流速应不大于3m/s。

表6-12 超声流量计的最大允许误差

准确度等级		0.2	0.5	1.0	1.5	2.0
最大允许误差 E	$q_{min} \leq q < q_t$	±0.4%	±1.0%	±2.0%	±3.0%	±4.0%
	$q_t \leq q \leq q_{max}$	±0.2%	±0.5%	±1.0%	±1.5%	±2.0%

注:q_t 为分界流量;q 为工作流量。

2.重复性

在 JJG 1030—2007《超声流量计检定规程》明确规定:流量计的重复性不得超过相应准确度等级规定的最大允许误差的绝对值的1/5。虽然该规定较为严格,但由于超声流量计每一次测量值很大程度上是多次测量的平均值,因而,这一严格规定是超声流量计技术可以实现的。

GB/T 18604—2014《用气体超声流量计测量天然气流量》中规定,在进行任何校准系数调整之前,所有多声道气体超声流量计的测量重复性应满足表6-13的要求。

表6-13 多声道气体超声流量计的重复性

流量范围	重复性	流量范围	重复性
$q_t \leq q \leq q_{max}$	0.2%	$q_{min} \leq q < q_t$	0.4%

3.流量计系数调整

GB/T 18604—2014《用气体超声流量计测量天然气流量》中规定,在进行任何校准系数调整之前,需满足对最大允许误差的相关要求。

改变流量计系数意味着流量计在使用中性能的变化,将会导致流量计计量误差的系统性变化,为了对流量计进行长期跟踪,必须要有完整的历史记录。如果没有对流量计系数调整的相关纪录,则意味着该流量计的历史计量数据是可质疑的。因此,如果在检定时改变流量计系数,应在检定证书上标明前一次的流量计系数、本次调整后的流量计系数和流量计系数调整量。

4. 双向测量的流量计的要求

双向测量的流量计应分别在两个测量方向进行检定。经验证明,双向测量的流量计在两个测量方向的安装方式上会有一定的差距,会产生计量误差的不同。因此,对于双向测量的流量计,一定要进行两个测量方向的检定,并分别记录两个测量方向的流量计系数。

5. 外夹式流量计的要求

外夹式流量计应对所有换能器进行检定,并尽量在与使用管径相同的管径下进行检定。如使用管径与检定管径之比大于 2 或者小于 1/2,使用时流量计应增加 0.5% 的附加误差。在检定时,应尽量使管道直径、流体介质的流动状况、介质的温度、压力与实际应用时保持一致。原则上不能在检定场所重新安装需要检定的流量计,应将安装好的换能器和管段一并送检。如果在使用中必须重新安装流量计,需严格按照安装要求和程序进行,并将所有的安装过程进行记录。

6. 多声道气体超声流量计测量性能要求

1)一般测量性能要求

在进行任何校准系数调整之前,所有多声道气体超声流量计的分辨力、速度采样间隔、零流量读数、声速偏差、各声道间的最大声速差等测量性能应满足表 6-14 要求。

表 6-14　多声道气体超声流量计的一般测量性能要求

测量性能	要求	测量性能	要求
分辨力	0.001m/s	声速偏差	±0.2%
速度采样间隔	≤1s	各声道间的最大声速差	0.5m/s
零流量读数	对于每一声道: <6mm/s		

2)大口径流量计的准确度

在进行任何校准系数调整之前,对于多声道大口径气体超声流量计(口径等于或大于 300mm),应满足表 6-15 测量准确度要求。

表 6-15　多声道气体超声流量计(口径等于或大于 300mm)测量准确度要求

流量范围	最大误差	最大峰间误差
$q_t \leqslant q \leqslant q_{max}$	±0.7%	0.7%
$q_{min} \leqslant q < q_t$	±1.4%	1.4%

3)小口径流量计的准确度

由于当声道长度较短时,在紊流气体中测量声波传播时间比较困难,因而对小口径流量计的要求较低。在进行任何校准系数调整之前,口径小于 300mm 的多声道气体超声流量计应满足表 6-16 的测量准确度要求。

表 6-16　多声道气体超声流量计(口径小于 300mm)测量准确度要求

流量范围	最大误差	最大峰间误差
$q_t \leq q \leq q_{max}$	±1.0%	1.0%
$q_{min} \leq q < q_t$	±1.4%	1.4%

7. 单声道气体超声流量计的测量性能要求

单声道气体超声流量计的测量性能可比多声道气体超声流量计的测量性能要求低,具体指标由制造厂提供。

8. 工作条件及其对测量性能的影响

GB/T 18604—2014《用气体超声流量计测量天然气流量》中对气体超声流量计的工作条件及其对测量性能的影响如下所示。

1)工作条件

(1)天然气气质。流量计所测量的天然气组分一般应在 GB/T 17747(所有部分)所规定的范围内,天然气的相对密度为 0.55~0.80。

如果出现以下任一情况,应向制造厂咨询流量计的材质、超声换能器的选型,以及流量计计量准确度是否满足要求:

①CO_2 含量超过 10%;

②在接近天然气混合物临界密度的条件下工作;

③总硫含量超过 460 mg/m³,包括硫醇、硫化氢和元素硫。

(2)压力。超声换能器对气体的最小密度(它是压力的函数)有一定要求,最低工作压力应保证声脉冲在天然气中能正常传播。

(3)温度。制造厂应根据用户的实际工况要求提供满足温度范围要求的流量计。流量计的工作介质温度为 -20~60℃,工作环境温度范围为 -40~60℃。

(4)流量范围及流动方向。流量计的流量测量范围由气体的实际流速确定,被测天然气的典型流速范围一般为 0.3~30m/s,用户应核实被测气体流速在制造厂规定的流量范围内,其相应的测量准确度应符合第六章的规定。

流量计具有双向测量的能力,且双向测量的准确度相同。用户应当指出是否需要双向测量,以便制造厂适当组态信号处理单元参数。

(5)速度分布。理想条件下,进入流量计的天然气流态应是对称的充分发展的紊流速度分布。上游管路配置(即各种上游管道配件、调压阀以及直管段的长度等)会影响进入流量计的气体速度剖面,从而影响测量准确度,影响的大小和正负在一定程度上与流量计的补偿能力相关。

2)工作条件对测量性能的影响

在工作条件下,流量计不需任何人工调整就应当满足 GB/T 18604—2014 中所规定的单声道气体超声流量计的测量性能要求和多声道气体超声流量计的测量性能要求。

如果需要通过人工输入物性参数来确定天然气流动条件下的物性参数(密度和黏度等),制造厂应提供流量计受这些参数影响的敏感程度,以便用于当工作条件改变时,用户可依此判断这些改变所带来的影响是否可以接受。

(二)超声流量计通用技术要求

在 JJG 1030—2007《超声流量计检定规程》中,超声流量计通用技术要求规定有以下五条。

1. 随机文件

(1)流量计应附有使用说明书。

(2)外夹式流量计应在其使用说明书中详细说明流量计的安装方法和使用要求。

(3)在流量计使用说明书中应明确给出换能器的工作压力、温度范围及安装换能器时需用到的几何尺寸。

(4)流量计应附有检定报告。如接触式(插入式)超声流量计应随机附有流量计出厂检验时几何尺寸的检验报告;周期检定的流量计还应有前次的检定证书及上一次检定后各次使用中检验的检验报告。

2. 流量计铭牌及标识

(1)流量计应有流向标识。

(2)流量计应有铭牌,并在铭牌上进行标注。超声流量计的铭牌标注可分为:制造厂名,产品名称及型号,出厂编号,制造计量器具许可证标志和编号,耐压等级(仅对接触式流量计),标称直径或其适用管径范围,适用工作压力范围和工作温度范围,在工作条件下的最大、最小流量或流速,分界流量(当流量计有该指标时),准确度等级,防爆等级和防爆合格证编号(仅对防爆型流量计),制造年月,其他相关技术指标等部分。

3. 外观要求

(1)新制造的流量计应有良好的表面处理,不得有毛刺、划痕、裂纹、锈蚀、霉斑和涂层剥落现象。

(2)表体连接部分的焊接应平整光洁,不得有虚焊、脱焊等现象。

(3)接插件必须牢固可靠,不得因振动而松动或脱落。

(4)流量计各项标识正确,读数装置上的防护玻璃应有良好的透明度,无妨碍读数使读数畸变等现象的发生。显示的数字应醒目、整齐,表示功能的文字符号和标志应完整、清晰、端正。

(5)按键手感应良好,无粘连现象发生。

4. 对流量计系数的保护功能

(1)流量计应有对流量计系数进行保护的功能,并能记录历史修改过程,避免意外更改。流量计本身的信号处理单元,必须具有记录流量计系数修改过程的能力,且该记录应是永久保存的。为了防止意外更改,应该对进行流量计系数修改的权限进行设置,并设置流量计系数修改密码。

(2)流量计系数的值应与上次检定时置入的系数相同并且没有进行过修改。

5. 密封性

(1)通入检定介质到最大实验压力,历时 5min,流量计表体上各接头(接口)应无渗漏。本项规定是为了避免实验过程中出现介质微小泄漏而又没有被发现时所引起的计量误差的发生而采取的方法。应将流量计安装到装置上,通入检测介质至装置最大工作压力,检查流量计、温度计插孔、取压孔及上下游直管段连接法兰等各连接处应无泄漏。

(2)对于气体,应再将介质密闭在流量计系统和检测管道内,压力保持5min,若压力示值不下降,则为合格。

(3)密封面应平整,不得有损伤。

三、超声流量计使用与维护

(一)零点调整

当管道流体静止,而且周围无强磁场干扰、无强烈振动的情况下,仪表的流量应调整为零。通常零点的调整是由自动调整功能完成的,消除零点飘移,但对于高精度的测量,可以停止自动调零功能,在零点上设置零点偏差,对于以后的测量,仪表将自动输出扣除零点偏差后的数值。

(二)仪表面板参数设置

视频6-9 气体超声流量计仪表面板

如视频6-9所示,启动仪表运行前,首先要进行参数设置(如使用单位制、安装方式、管道直径、管道壁厚、管道材料、管道粗糙度、流体类型、两探头间距、流速单位、最小速度、最大速度等参数),只有所有参数输入正确,仪表才能正确显示实际流量值。

(三)定标

定标就是把仪表准确计算流量所需的参数,通过一定的形式和方法输入转换器的过程,以达到定刻度的目的。如对于直接测量的线平均流速(传播时间法),要准确计算流量所需的参数为流体中声速、黏度、单位脉冲等。定标的具体步骤和方法,按产品使用说明书进行。

(四)超声流量计在使用中的注意事项

(1)噪声影响。如果噪声的频率与流量计的工作频率相同,那么流量计的接收信号就会受到干扰。噪声对于流量计的影响具有重复性,并且十分明显,最高超过2%。因此,在计量管道设计过程中,应该尽可能采用那些没有弯头,没有阻流件的管道,同时在流量计安装的过程中,应该在其下游安装一个调节阀,从而确保流体流畅的稳定性。在流量计的选择上,挑选对噪声的抗干扰与过滤能力较强的产品。

(2)管道配置。在安装流量计的同时,应该在其上下游增加一定长度的直管,从而起到稳定介质形态的作用,确保最终检测的准确性。从实际效果来看,上下游直管的长度越长,流量计最终的准确性就越高。在直管段的组装过程中,应该选择适合的管型,限制台阶与其他突出物的数量。

(3)脏物堆积。如果管道内有脏物,会直接影响到气体流速,从而影响到计量结果;如果脏物堆积在流量计测量管内壁,会使管壁变厚造成声波反射异常,影响流量计的准确度及重复性,造成最终读数过高;若脏物堆积在超声流量计的探头上,会极大缩短超声波的传输时间,会使流量计读数偏高,造成数据不准确,应每年在采气前清洁探头一次。

造成脏物堆积的主要原因是气体气质不纯,杂质过多,必须利用好流量计监测软件,加大对天然气气质方面的监测力度。通过收集管壁内声音数据的方法及时发现管壁内脏物堆积的程度,定期对管壁进行清洁。

(五)检查

(1)使用光学探头对气体超声流量计的一个或多个换能器内端口进行目视检查。对流量计管内的任何残渣和可能集结于管壁上的任何附着物进行清除。

(2)检查超声波换能器孔,以确保孔内无阻塞。应定期检查接收信号的信噪比。信噪比降低就意味着超声波换能器孔被污垢覆盖或磨蚀。

(3)检查流量计表体内的附着物。由于在正常输气工作条件下,流量计表体内的附着物(如凝析液或带有加工杂质的油品残留物、灰和砂等)会减少流量计的流通面积而影响计量准确度,阻碍或衰减超声换能器发射和接收超声信号,影响超声信号在流量计表体内壁的反射,因此对流量计应定期检查清洗。

(4)检查信号强度和信号良度。信号强度是指上下游探头的信号强度;信号良度是指上下两个传输方向上的信号峰值,据此可判断接收信号的优良程度。当这两个信号出现问题时,就要去查看探头是否出现松动现象或者查看耦合剂硬化是否失效。通常,为了保证上述信号数值的正确性,需要对探头进行重新安装。

(5)传输时间和传输时差的检查。传输时间是指超声波平均的传输时间;传输时差是指上下游传输时间差。超声流量计对流速的测量主要依据这两个信号。如果这两个信号不稳定,则需要检查安装点,并判断其设置数据是否存在问题。

(6)电流环模拟输出的检查。以一年为检修段,一年内,校验和修正电流环模拟输出一次,从而保证 DCS 的准确计量。

(7)检查流量计算机上测量声速和计算声速的差值,不允许有大的偏差,如果相差太多,则需要清洁探头或调整气体组分处理。

(8)检查表壳、表盖接口是否紧密,防止仪表损坏。

(9)检查防爆挠性管与仪表接头有无严重锈蚀。

(10)巡检时关注流量计算机是否有报警。

(11)超声流量计的日常管理主要是根据其自诊断系统反馈的信息有针对性地进行检查和维护。通常日常维护检查的参数及方法见表6 – 17。

表6 – 17 超声流量计日常维护检查的参数和方法

需要检查的参数	检查方法	备注
气体工作温度	按相关要求检查温度测量系统工作是否正常	必查
气体工作压力	按相关要求检查压力测量系统工作是否正常	必查
天然气组成	检查计算机内输入的天然气组成数据是否正确,或在线分析系统的分析数据是否正确	必查
超声流量计系数	检查超声流量计系数是否与检定证书一致	必查
各声道运行状态	检查各声道的参数,确认各声道运行是否正常	必查
零流速读数	在零流速下各声道所测得的气体流速是否小于规定值	选择
声速	检查超声流量计各声道所测的声速是否稳定在一定范围内,如果发生跳变,表明存在故障	必查

需要检查的参数	检查方法	备注
增益值/噪声 (信噪比/信号质量)	检查反映背景噪声和/或电噪声量的参数是否稳定在正常范围,通常情况下增益应该是相对稳定的;增益或信噪比等不能超出说明书中规定的技术范围,否则表明探头表面因被污染而不能正常工作	必查
气体工作流速	检查超声流量计所测的气体工作流速是否在超声流量说明规定的正常工作范围内	必查
流量参数核查	首次安装时必须检查超声流量计算机内设置的各项参数是否正确	首次必查

(六)定期标定和校准

(1)超声流量计在经过一段时间的运行后,应对其进行流量标定,以确保其测量的准确性。标定一般采用对比法,以便携式超声流量计作为参照流量计,将其与被标定的流量计的测量值进行比较,利用所测数据按照误差公式进行计算,即误差 = (测量值 - 标准值)/标准值,利用计算的相对误差,修正系数,使得测量误差满足 ±2% 的误差,即可满足计量要求。该操作简单方便,可有效提高计量的准确度,确定被标定流量计的流量。

(2)根据 JJG 1030—2007《超声波流量计检定规程》的规定,流量计检定周期一般不超过 2 年。对于插入式流量计,如果具有自诊功能,且能够保留报警记录,可每 6 年检定一次,每年需对其在使用现场进行使用中检验。

(3)贸易交接用超声流量计每 2 年进行一次实流校准。

(4)非贸易交接用超声流量计每 4 年进行一次实流校准。

(七)常见故障及其处理方法

超声流量计常见故障及其排除方法见表 6 - 18。

表 6 - 18 超声流量计常见故障及其排除方法

序号	故障名称		原因	排除方法
1	无流量信号		接触不好	检查流量计的各信号电缆及接头、直流电源的电压、电源线及用户一端的接口
			其他	需进一步检查,如果某组件已损坏,应更换与其相同型号的组件(或厂家推荐型号组件),更换后应进行相关检查
2	增益值/信噪比异常		脏污	经参数检查证实超声探头脏污,应按相关要求进行清洗
3	超声探头不工作		压力超范围	调整计量工作压力或更换合适的探头
			探头故障	按要求更换相同型号的新探头,并将新探头标定参数输入到相应的程序系统中,记录新探头的系列号;检查各声道的声速测量值,其最大误差不超过 0.2%;再计算出相同条件下的理论声速,两者之间误差应在说明书规定的范围内
4	温度、压力故障	无温度、压力信号	接触不良	检查超声流量计温度、压力测量系统的接线
		温度、压力信号异常	参数设置或零点漂移	检查系统设置;定期对温度、压力测量系统进行校检,确保温度压力测量数据准确可靠

序号	故障名称	原因	排除方法
5	报警	计算机报警	应按照超声流量计的说明书进行检查
		系统报警　报警设置	在确认温度、压力测量系统正常的情况下,检查流量计计算机内的压力,温度量程范围设置是否正确
		过程报警　报警设置(流量、温度、压力、密度、热值测量值超出了预设定范围)	在确认压力、温度测量系统正常后检查所有的设定值
6	声速异常	系统故障	观察声速的大小,通常所测的声速值应稳定在一定范围内,如果声速突变,则表示测量系统可能有故障
7	流速超范围	超量程	气体流速超出流量计的测量范围,超声流量计不能正常工作

注:1. 对超声流量计的关键部件维修后,必须经检定合格才能投入使用;
　　2. 由于超声流量计的自诊断技术在不断发展,在实际应用中要以所使用的设备的操作说明书为准。

第五节　差压式流量计测量天然气流量

一、差压式流量计的工作原理及结构特点

差压式流量计是基于流体流动的节流原理,利用流体流经节流装置时产生的压力差而实现流量测量的仪表。按节流装置的不同可分为孔板流量计、文丘里流量计、均速管流量计等。差压式流量计具有结构简单牢固、易于加工制造、价格低廉、通用性强等特点,在流量测量领域的应用已有近百年的历史,尤其在天然气流量计量领域中,孔板流量计在中高压的天然气计量站中,一直占据着举足轻重的地位,曾是使用最多的流量仪表。近年来,随着带温压补偿的一体化智能涡轮、罗茨、旋涡、超声等流量计的出现,孔板流量计的使用量在逐渐下降,但仍有许多地方在使用孔板流量计进行天然气流量的测量。

(一)差压式流量计的工作原理

差压式流量计是以伯努利方程和流动连续性方程为依据,当被测流体流经节流装置时,在其两侧产生差压,利用差压与流量的关系,通过测量差压的大小来确定流体的流量(视频 6 - 10)。孔板节流装置测量原理如图 6 - 16 所示。

如图 6 - 16 所示,充满管道的流体,当它流经管道内的节流装置(孔板)时,流束将在节流装置处形成局部收缩。由于能量守恒定律,部分流体的静压能转变为动能,因而流速增加,静压力降低,于是在节流装置(孔板)前后便产生了压差。流体流速增大,产生的压差变大;流体流速减小,产生的压差变小。节流装置(孔板)前后的压差 Δp 与流速 v_2 的关系为 $v_2 \propto \sqrt{\Delta p}$,见式(6 - 69),考虑到实际流体可压缩性的影响,以及由于取压点位置的调整带来的影响,节流装置(孔板)体积流量与压差的关系见式(6 - 70),可见节流装置(孔板)前后的压差 Δp 与

体积流量 q_V 的关系为 $q_V \propto \sqrt{\Delta p}$，即体积流量 q_V 与压差 Δp 的开平方成正比，所以只要测出流体流经节流装置(孔板)后产生的压差信号就可以间接地测出对应的体积流量 q_V。

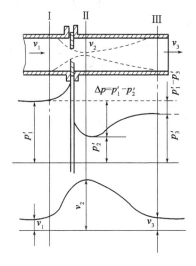

视频6-10　差压式
流量计工作原理

图 6-16　孔板节流装置测量原理示意图

$$v_2 = \frac{1}{\sqrt{1-\beta^4}}\sqrt{\frac{2\Delta p}{\rho}} \qquad (6-69)$$

其中
$$\beta = d/D$$

式中　β——直径比；

　　　d——工况条件下节流孔直径；

　　　D——工况条件下上游测量管内径。

$$q_V = C\varepsilon A_0 v_2 = \frac{C}{\sqrt{1-\beta^4}}\varepsilon\frac{\pi}{4}d^2\sqrt{\frac{2\Delta p}{\rho}} \qquad (6-70)$$

式中　C——流出系数，表示通过节流装置的实际流量与理论值之比；

　　　ε——可膨胀系数。

(二)差压式流量计的结构特点

差压式流量计主要由一次装置(差压装置、导压系统)和二次装置(差压变送器、显示仪表)组成。

差压装置是指安装在被测流体的管道中,由节流装置或动压测定装置(皮托管、均速管等)组成,可产生与流量(流速)成比例的压力差,供二次装置进行流量显示。差压装置包括节流装置和非节流式差压装置。节流装置按照标准化程度可分为标准节流装置和非标准节流装置。标准节流装置是指按照标准文件设计、制造、安装和使用的无须经实流校准即可确定其流量值并估算流量测量误差,主要包括标准孔板、ISA1932 喷嘴、长径喷嘴、文丘里喷嘴、经典文丘里管。非标准节流装置由于成熟程度较差,尚未列入标准文件的检测件,主要有 1/4 圆孔板、锥形入口孔板、双重孔板、双斜孔板、半圆孔板、圆缺孔板、偏心孔板、环状孔板、楔形孔板、弯管节流件、罗洛斯管、道尔管、道尔孔板、双重文丘里喷嘴、通用文丘里管、音速文丘里喷嘴等。非节流式差压件包括弯管、均速管等。

导压系统(三阀组、引压管、根部阀等)是传输差压信号的信号管路。

差压变送器能接收一次装置产生的差压信号,将差压信号转变成电流信号。

显示仪表将差压变送器产生的标准电流信号及其他装置产生的补偿信号(对于压力、温度波动范围较大的测量介质,必须进行温度、压力补偿并将其转换为相应的流量进行显示)进行开方并积算,显示瞬间流量、累积流量及其他流量。

差压式流量计可按差压装置的型式进行分类,如标准孔板流量计、ISA1932 喷嘴流量计、经典文丘里管流量计、1/4 圆孔板流量计、偏心孔板流量计、弯管流量计、均速管流量计等。

1.标准孔板节流装置

如图 6 - 17 所示,标准孔板流量计由节流装置、导压管和差压计组成,其中,节流装置由标准孔板、孔板夹持器、测量管(孔板前后直管段)组成。

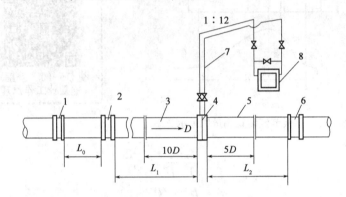

图 6 - 17　标准孔板流量计组成示意图

1—上游侧第二阻力件;2—上游侧第一阻力件;3—上游直管段;4—孔板和取压装置;

5—下游直管段;6—下游侧第一阻力件;7—导压管;8—差压计

1)标准孔板

标准孔板是一块中心圆形开孔的入口边缘非常尖锐的金属圆板,它的节流孔圆筒形柱面

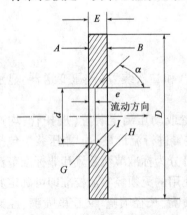

图 6 - 18　标准孔板示意图

A—上游端面;B—下游端面;E—孔板厚度;

α—斜角;e—孔板开孔厚度;

I—下游边缘;H—下游边缘;G—上游边缘;

D—测量管内径;d—孔板开孔直径

与孔板上游端面垂直,边缘尖锐,孔板厚度与孔板直径相比较小(图 6 - 18)。应按 GB/T 21446—2008《用标准孔板流量计测量天然气流量》的规定进行设计、制造、安装和使用。

2)孔板夹持器

孔板夹持器是用来输出孔板产生的静压力差并安置和定位孔板的带压管路组件。每个孔板夹持器至少应有两个取压口,即一个上游取压口和一个下游取压口。上游取压口引出流体的正压力,下游取压口引出流体的负压力。取压孔的位置表征了孔板的取压方式。孔板夹持器的取压方式主要有法兰取压和角接取压两种。

法兰取压孔板夹持器是指测量管法兰上带有符合相关规定的取压器件。如图 6 - 19 所示,取压孔间

距 l 是指取压孔轴线与孔板的某一规定端面的距离,按照 GB/T 21446—2008《用标准孔板流量计测量天然气流量》规定,它应符合以下要求:上游取压孔的间距 l_1(从孔板的上游端面量起)名义上为 25.4mm;下游取压孔的间距 l_2(从孔板的下游端面量起)名义上为 25.4mm。但当 D 小于 150mm 时,l_1 和 l_2 之值均应在(25.4±0.5)mm 之间;当 D 在大于或等于 150mm 至小于或等于 1000mm 的范围内时,l_1 和 l_2 之值均应在(25.4±1)mm 之间。

角接取压孔板夹持器(图 6-20)常用的是单独钻孔取压和环室取压。单独钻孔取压规定上游侧静压由前夹紧环(或上游测量管法兰)取出,下游侧静压由后夹紧环(或下游测量管法兰)取出;环室取压规定孔板上游侧静压由前环室取出,下游侧静压由后环室取出。前后环室是夹紧孔板的夹紧环。

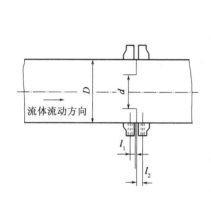

图 6-19　法兰取压孔板夹持器

l_1—上游取压孔的间距;l_2—下游取压孔的
间距;D—测量管内径;d—孔板开孔直径

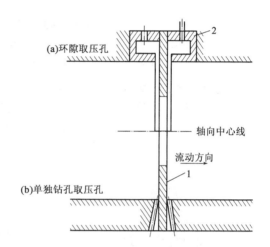

(a)环隙取压孔

轴向中心线

流动方向

(b)单独钻孔取压孔

图 6-20　角接取压孔板夹持器

1—孔板;2—夹紧环

3)测量管

测量管是指孔板上下游所规定直管段长度的一部分,其各横截面面积相等、形状相同、轴线重合且临近孔板,是按技术指标进行特殊加工的一段直管。

标准孔板节流装置虽然应用广泛,但仍存在许多缺点,如在更换、清洗孔板时需要对计量管段停气,大口径的测量管及孔板拆装困难、安装质量难以保证等。

2.孔板阀

孔板阀是一种结构新颖的节流装置,适用于含硫或不含硫的天然气、石油、煤气、水等气体及液体的流量测量,它具有环室取压装置所具有的技术性能。常用的孔板阀有三种,即简易型(JKF 型)、普通型(PKF 型)和高级型(GKF 型)。

简易型孔板阀(JKF 型)如图 6-21 所示,其特点是结构简单,价格低廉,特别适用于法兰取压、管径小于 150mm 的管道中作流量计量使用,可定期对孔板进行检查或更换,以确保计量准确,而无须拆开管道,无孔板升降机构,更换孔板时必须停止介质输送。

普通型孔板阀(PKF 型)如图 6-22 所示,其特点是操作简便,提取孔板灵活,只需关闭上下游截断阀,开上盖并摇动提升机构,即可平稳取出孔板,每次提取更换孔板仅需 3~5min,特别适用于短时间停气或没有旁通管路作流量计量用。

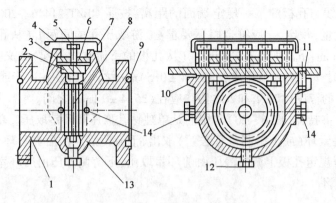

图 6 - 21　JKF 简易型孔板阀结构图

1—阀体;2—阀盖;3—压板;4—护盖;5—顶紧螺栓;6—孔板座;7—密封圈;8—孔板;

9—O 形密封圈;10—垫片;11—圆柱销;12—螺塞;13—阀座位;14—取压口

高级型孔板阀(GKF 型)如图 6 - 23 所示,其特点是在流量计量的过程中不需要停止介质输送,可随时提取孔板进行检查更换,以确保计量的准确性。特别适用于大口径管道和不允许停气的主管道的流量计量,在工艺上无须设置旁路,有利于减少占地面积和漏气点。

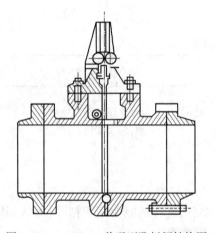

图 6 - 22　PKF - F₄ 普通型孔板阀结构图

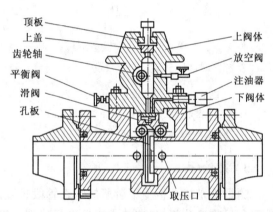

图 6 - 23　GKF 高级型孔板阀结构图

3.差压式流量计的主要特点

1)优点

(1)应用最多的孔板式流量计性能稳定可靠,抗振动能力强,结构简单牢固,价格低廉,维修方便,使用寿命长;

(2)应用范围广泛,对高温、高压、低静压、低流速、低密度流体的适应性强;

(3)口径从小到大,系列齐全;

(4)变更主要量程方便;

(5)只要按照标准设计、制造、安装和使用,无须实流标定就能获得规定的准确度,从而为用户带来方便;

(6)检测件与变送器、显示仪表分别由不同厂家生产,便于规模经济生产;

(7)不存在可动部件,气体的气密性良好;

（8）使用经验丰富，对介质洁净程度要求不高。

2）缺点

（1）压损大（指孔板、喷嘴等），如孔板入口锐角部位易磨损、前部易积污造成压力损失大，运行费用增加；

（2）测量的重复性、精确度在流量计中属中等水平；

（3）测量范围度窄，一般为3∶1或4∶1；

（4）现场安装条件要求高，如孔板流量计前后的直管段要求较长，占地面积大，参与检测的元件较多，安装较为麻烦，维护及拆洗的工作量较大；

（5）节流装置与差压显示仪表之间引压管线为薄弱环节，易产生泄漏、堵塞及冻结、信号失真等故障；

（6）对于孔板流量计，流出系数不稳定、线性差；

（7）采用法兰连接时，易产生跑、冒、滴、漏问题，极大增加了维护工作量；

（8）难于测量小流量和脉动流量；

（9）测量管线有时会出现冷冻冷凝现象。

二、 差压式流量计的计量性能及通用技术要求

根据 JJG 640—2016《差压式流量计检定规程》，差压式流量计必须符合以下计量性能及通用技术要求。

（一）差压式流量计的计量性能

差压式流量计检定方法及其适用范围见表 6 - 19。

表 6 - 19　差压式流量计检定方法及其适用范围

序号	差压式流量计检定方法	适用范围
1	几何检测法	适用于配套标准节流件（包括标准孔板、ISA 1932 喷嘴、长径喷嘴、文丘里喷嘴、经典文丘里管）的节流装置的检测
2	系数检测法	适用于差压装置的检测
3	示值误差检测法	适用于差压式流量计的整机检测

1. 几何检测法计量性能要求

应给出配套标准节流件的节流装置的流出系数 C 及其相对不确定度，见表 6 - 20。

表 6 - 20　不同节流装置的流出系数的相对不确定度

序号	不同节流装置的流出系数名称		相对不确定度	备注
1	标准孔板流出系数	$0.1 \leq \beta < 0.2$	$(0.7 - \beta)\%$	若 $D < 71.12$mm，在上述不确定度值基础上加 $0.9 \times (0.75 - \beta) \times (2.8 - D/25.4)\%$；若 $\beta > 0.5$ 和 $Re_D < 10000$，在上述不确定度值基础上加 0.5%
		$0.2 \leq \beta \leq 0.6$	0.5%	
		$0.6 < \beta \leq 0.75$	$(1.667\beta - 0.5)\%$	
2	ISA 1932 喷嘴流出系数	$\beta \leq 0.6$	0.8%	
		$\beta > 0.6$	$(2\beta - 0.4)\%$	
3	长径喷嘴流出系数		2.0%	

序号	不同节流装置的流出系数名称		相对不确定度	备注
4	文丘里喷嘴流出系数		$(1.2+1.5\beta^4)\%$	
5	经典文丘里管流出系数	"铸造"收缩段	0.7%	
		机械加工收缩段	1%	
		粗焊铁板收缩段	1.5%	

注:β 为直径比,即 $\beta=d/D$,其中 d 为工况条件下节流孔或喉部直径;D 为工况条件下上游测量管内径(或经典文丘里管上游直径)。

2. 系数检测法计量性能要求

(1)准确度等级。差压装置的准确度等级、最大允许误差应符合表 6-21 的要求。

表 6-21　系数检测法差压装置的准确度等级

准确度等级	0.5	1.0	1.5	2.0	2.5
最大允许误差,%	±0.5	±1.0	±1.5	±2.0	±2.5

(2)重复性。差压装置的重复性不得超过相应准确度等级规定的最大允许误差绝对值的 1/3。

3. 示值误差检测法计量性能要求

(1)准确度等级。流量计的准确度等级、最大允许误差应符合表 6-22 的要求。

表 6-22　示值误差检测法流量计的准确度等级

准确度等级	0.5	1.0	1.5	2.0	2.5
最大允许误差,%	±0.5	±1.0	±1.5	±2.0	±2.5

(2)重复性。差压式流量计的重复性不得超过相应准确度等级规定的最大允许误差绝对值的 1/3。

(二)通用技术要求

1. 随机文件

差压式流量计、差压装置、差压件、差压变送器和流量积算仪应附有使用说明书,并在说明书中说明技术条件和流量计的计量性能等。周期检定的差压式流量计还应有前次检定的检定证书。

2. 标识和铭牌

(1)流量计应有明显的流向标识。

(2)流量计应有铭牌,并在铭牌上进行标注。差压式流量计的铭牌标注可分为:产品及制造厂名,产品规格及型号,出厂编号,制造计量器具许可证标志及编号,最大工作压力,适用工作温度范围,公称通径,节流件孔径,准确度等级(或最大允许误差),防爆等级和防爆合格证编号(用于爆炸性气体环境),防护等级,制造年月等部分。

3. 外观

（1）新出厂流量计的外表应有良好的处理，不得有毛刺、刻痕、裂纹、锈蚀、霉斑，涂镀层不得有起皮、剥落等现象。

（2）流量计表体连接部分的焊接应平整光洁，不得有虚焊、脱焊等现象。

（3）密封面应平整，不得有损伤。

（4）流量计二次表显示窗的数字应醒目、整齐，表示功能的文字符号和标志应完整、清晰、端正；读数装置上的防护玻璃应有良好的透明度，无读数畸变等妨碍读数的缺陷；按键应无粘连现象；应具有参数修改自动记录功能。

三、差压式流量计使用与维护

（一）差压式流量计的安装注意事项

1. 差压计

测量气体流量时为防止液体污物或灰尘进入导压管，则差压计应安装在节流装置上方。

2. 压差引压导管

（1）压差引压导管的材质应按被测介质的性质和参数确定，其内径不小于6mm，长度最好在16mm以内。

（2）压差引压导管应垂直或倾斜敷设，其倾斜度不小于1∶12，黏度高的流体，其倾斜度应更增大。

（3）当压差引压导管长度超过30m时，导压管应分段倾斜，并在最高点与最低点装设集气器（或排气阀）和沉淀器（或排污阀）。

（4）严寒地区压差引压导管应加防冻保护，同时要防止过热，否则压差引压导管中流体汽化会产生假差压。

3. 特殊的流量计

对于较为特殊的流量计（如气流流量较大的流量计），其安装使用环境应该达到相应的标准，注意控制外部环境温度，尽量避免在过高或者过低的温度下使用。

（二）差压式流量计投运

（1）差压式流量计在进行生产装置投运之前，应该有专门人员对其进行严格的检查，包括线路检查、密封检查等，保证准确无误后，才可以供电。

（2）在差压式流量计正式工作之前应该按照说明书进行加油操作，通常加油量的多少以达到视镜中心为准。

（3）差压式流量计投入使用时，节流装置正、负取压口后的针形阀应全开，变送器及二次仪表应接通工作电源。

（4）对仪表记录的数值进行及时的记录和分析，判断流量计对密度、温度、流量等参数的反应是否准确，一旦出现问题，及时处理。

（5）严格保持过滤器的通畅，发现问题及时处理，可以通过出入口的数值进行判断。

(6)当节流装置因受到工艺介质的磨损与腐蚀而严重变形时,需要定期将节流装置拆卸下来,进行全面检查,更换已经严重磨损或腐蚀的部件。

(7)如果节流装置内部存在严重的结垢现象,会造成流通截面积减小,需要定期对结垢情况进行检查并清理。

(8)如果出现导压管以及三阀组堵塞或泄漏的问题,需要做好定期巡检工作,发现泄漏及时紧固,发现堵塞则及时清理。

(9)在差压式流量计使用过程中若发现视镜内的润滑油变黑或者高于视镜中心 2mm,可判断为润滑油已变质,应及时更换润滑油。

(10)必要时相关的负责人员要对流量计进行复校,确保流量计的准确性。对于特殊应用的流量计,比如贸易结算使用的流量计,还应该对检测资质进行必要的要求,保证数据的准确性。

(11)对于现存的无压力、无温度补偿的天然气流量计,尽可能实现入口介质压力及介质温度的标准化;当天然气管道内的气体流量较大时,应该增加压力以及温度修正功能。

(12)为仪表建立维护档案,对仪表名称、性能、运行特点、工艺参数、启用时间、维护历史以及使用环境等信息进行详细记录,以便仪表维护与管理人员熟悉流量仪表的使用状态,并根据具体情况制定相应的维护措施,对出现的问题及时解决,提升流量计的稳定性与安全性。

(三)孔板流量计的使用与维护

1.孔板的使用与维护

(1)应严格按技术要求安装流量计量系统,消除安装误差。

①节流件前后的直管段必须是直的,不得有肉眼可见的弯曲。

②安装节流件用的直管段应该是光滑的,如不光滑,流量系数应乘以粗糙度修正系数。

③保证流体的流动在节流件前 1D 处形成充分发展的紊流速度分布,并使之呈均匀的轴对称分布。

(2)应按照 GB/T 21446—2008 对孔板的结构尺寸和几何尺寸进行检查,并进行记录。

①应对孔板流量计进行检查以确保安装过程中未受任何损伤;

②应特别注意孔板开孔的上游直角边和上游表面;

③应用直尺检查孔板的上游表面以确保无翘曲和变形。

(3)对孔板、孔板夹持器以及相连的测量管进行定期检查。

①应对孔板装置进行检查以确保没有残渣,使孔板处于正常的密封配合。孔板上游表面应无脏物和残渣附着;应对附件内任何流体的性质和数量予以注意并将其排空;应对取压孔进行检查,必要时可用内孔检查设备,确保已无黄油、防锈剂或淤泥存在;在每项检查完毕后,应对孔板装置密封的良好性进行检查。

②对孔板夹持器和相连测量管定期检查。上游直管段内壁应无脏物、残渣、磨蚀和损坏;孔板夹持器密封情况应良好;孔板夹持器与孔板开孔以及上、下游直管段应同心同轴。

(4)孔板需每年拆下强检一次。孔板以内孔锐角线来保证精度,因而对腐蚀、磨损、结垢、脏污敏感,长期使用精度难以保证,需每年拆下强检一次。

（5）发现磨蚀和损坏情况严重时要及时更换。如果发现有明显的磨蚀和损坏情况,应及时更换,并且还应检查其他所有的部件,以满足 GB/T 21446—2008 标准规定的技术要求。

（6）加大孔板的清洗频率,缩短导压管的吹扫时间间隔。当流体中杂质较多时,应加大孔板的清洗频率,缩短导压管的吹扫时间间隔。

（7）加装电伴热、蒸汽伴热等辅助加温装置,最大限度地减少计量误差。当环境温度较低时,应加装电伴热、蒸汽伴热等辅助加温装置,确保导压管内不产生天然气水合物,最大限度地减少计量误差。

2. 孔板阀的使用与维护

1）提取孔板的操作

（1）打开平衡阀,使上、下腔之间的压力平衡;

（2）顺时针方向转动滑阀齿轮操纵轴,全开滑阀,使指示盘上的开位置和阀体上的指针对正;

（3）将孔板从下阀腔提到上阀腔;

（4）关闭滑阀;

（5）关闭平衡阀;

（6）开放空阀将上阀腔压力放空至零;

（7）开上盖,取出孔板。

2）装入孔板的操作

（1）将孔板放入上阀腔,注意齿槽对正,将其向下摇至碰到滑板为止,装好压板,上紧螺栓;

（2）关闭放空阀;

（3）开平衡阀;

（4）全开滑阀,使开位置与指针对正;

（5）将孔板向下摇至下阀腔工作位置;

（6）关闭滑阀,使关位置与指针对正;

（7）关闭平衡阀;

（8）开放空阀将上阀腔压力放空至零;

（9）关闭放空阀。

3）孔板阀的维护与保养

（1）每月开启检查一次,并旋转密封润滑油脂压盖,注入密封润滑油脂,使滑阀保持良好密封,随时给密封脂盒补充密封润滑油脂;

（2）每一季度打开阀体排污阀吹扫排污一次;

（3）每次装入孔板时,在导板齿条上和孔板密封环上涂抹适量黄油;

（4）每年对孔板阀进行一次全面的检查和保养,做到表面清洁,油漆无脱落,无锈蚀,铭牌清晰明亮,零部件齐全,无内漏外泄现象。

（四）常见的差压式流量计故障及其处理方法

常见的差压式流量计故障及其处理方法见表6-23。

表 6 – 23　常见的差压式流量计故障及其处理方法

序号	故障现象	原因	处理方法
1	运行后无输出	未供电	供电
		电源线、信号线接错	按正确方法接线
		操作不当,隔离液或冷凝液被冲走,差压变送器毁坏	更换差压变送器
2	输出为零点	正负压侧根部截止阀未开	打开截止阀
		平衡阀未关	关上平衡阀
		正压侧阀门、排污阀、导压管泄漏	在泄漏处补焊或更换
3	输出为满度	流量超上限值	减小流量
		负压截止阀未开	打开负压截止阀
		负压侧阀门、排污阀、导压管泄漏	在泄漏处补焊或更换
4	输出值与流量不符,可能偏高,也可能偏低	隔离液加注不均或部分隔离液流失	重新加注隔离液
		冷凝液液位不一致或冷凝液流失	重新吹扫导压管,形成冷凝液
		孔板弯曲	更换孔板
		节流件表面较脏	清洗表面
		节流件表面粗糙度增加	对表面进行处理
5	指示值比实际值高	负压侧阀门、管线泄漏	关闭根部阀,修理泄漏处
		负压侧有气体,或正压管线最高位置比负压管线高,造成附加误差	重新安排管线,排放负压管线内气体
		负压侧管线似堵非堵,阻力大	关闭根部阀,疏通管线
		负压侧截止阀未全开	打开负压侧截止阀
6	指示值比实际值低	平衡阀未关严	关严平衡阀
		平衡阀、正压侧管线泄漏	在泄漏处补焊或更换
		正压侧有气体,或正压管线最高位置比负压管线低,造成附加误差	重新安排管线,排放负压管线内气体
		正压侧截止阀未全开	打开正压侧截止阀
		孔板入口直角边缘变钝、破损	更换孔板或重新加工孔板

第六节　天然气流量计的检定

一、量值传递

检定是为了评定计量器具的计量性能,并确定其是否适合所进行的全部工作。检定是进行量值传递或量值溯源以及保证量值准确一致和量值统一的重要措施,是国家对整个计量器具进行管理的技术手段。检定必须按照计量检定规程来进行。

我国天然气行业对天然气流量计量标准装置建立与完善一直都予以高度重视。借鉴国外先进经验,已逐步建立较完整的系统,以适应量值传递的需要,为此已建立了多套从一级标准装置到次级标准装置。一般来说,一级标准装置精度高,是溯源的基准,只能建立在实验室或固定某一场所,确保高精度的运行工作条件。而次级标准装置是将一级标准装置传递给工作标准(或工作流量计)的桥梁,因此称为传递标准。

《中华人民共和国计量法》对检定有明确的规定,必须是有检定资质的机构才能够实施检定工作,不同检定机构的检定范围也是有明确规定的,检定机构只能对符合检定范围的计量器具进行检定,检定过程必须客观、公正,符合国家相关的法律法规。检定的程序应符合量值传递或量值溯源框图,如图6-24所示。操作过程要符合相应的检定规程。

近些年来,天然气计量仪表的应用早已不局限于油气田狭窄的区域,而是随着天然气长输管道和城镇燃气管网建设规模的日益扩大而延伸至更广阔的区域范围。因此,天然气流量仪表的检定、校验也不再只局限于流量实验室内离线检定,而是以较快的速度向现场在线实流检定方向发展。

常用的次级标准装置种类主要有气体标准体积管、标准表法气体流量标准装置、活塞式气体流量标准装置等。目前虽然可供选用的天然气次级标准装置种类较多,但从适用和应用发展的趋势情况来看,标准表法气体校准装置应用较为普遍。标准表法中所选用的标准仪表主要以音速文丘里喷嘴为主,其次是涡轮流量计、容积式流量计、涡街流量计,超声流量计一般作为校核仪表使用。我国气体流量计检定实验室里绝大多数都有音速文丘里喷嘴的标准表,图6-25是某仪表公司生产的排列式结构的音速文丘里喷嘴。

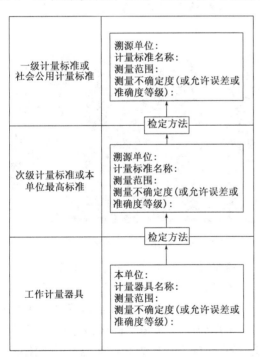

图6-24　量值传递或量值溯源框图

图6-25　某仪表公司生产的排列式结构的音速文丘里喷嘴

二、流量计的检定方法

天然气流量计的检定分为两种,间接检定法和直接检定法。

(一)间接检定法

间接检定法又称为干校验法,它是通过校核流量计各部分的几何尺寸,测定与流量有关的物理量,并检查流量计安装使用条件以及操作是否按规程进行等来检定流量计的方法。在天然气流量测量仪表中,流量测量装置和文丘里喷嘴等均可采用干校验法检定。一般来说,干校验法方便简易,检定设备投资少。但是,由于流量计的特性不仅与仪表的几何特性有关,而且与管道特性、流体物性、流态及流速分布等多种因素有关,因此可以说即使几何相似、动力相似的两个流量计,其示值也难保证完全一致。所以,干校验法的适用范围有限,精度也不能很高,大部分流量计一般要采用直接检定法进行检定。

(二)直接检定法

直接检定法又分为在线检定(实流检定法)和离线检定两种方法。在线检定法要求流量计工作在实际工况状态下,通过采用将已在国家授权的标准装置上校准过、具有确定准确度等级的标准流量计(或流量标准装置)串接于流量计的工作回路中,用被测介质对流量计进行检定的方法,因此,这种方法能够可靠地确定流量计的工作性能,能获得较高的检定精度。由于受到标准流量计(或流量标准装置)运输、安装等困难的影响,在线检定不仅检定费用高,而且有时根本就无法实现,所以在线检定方法在我国天然气计量中使用的场合为数不多。随着国家的大力支持,在线检定场所数量近年来有明显增加,在线检定方法在今后的应用越来越广泛(图 6 – 26 至图 6 – 28)。

图 6 – 26 某国家大型流量站检定站检定现场(局部)

图 6 – 27 检定车内部工艺(可移动)

流量计的离线检定方法一般是在实验室内的流量标准装置上实现的。在流量计的离线检定中,流量标准装置和被检流量计在检定时的工作介质往往是不同于流量计的工况介质,检定时的工作压力和温度也不同于流量计的实际工作压力与温度。对于气体流量标准装置,一般选用空气或天然气作为检定介质。

所谓标准表,在这里就是指标准流量计,把性能优良的流量计作为标准计量器具,用于检定其他工作流量计。标准表法标准装置与原级标准装置相比,准确度有所降低。但在满

图 6 – 28 检定站现场被检流量计

足准确度要求的条件下,该装置具有节约、有利于大流量检定的优点。

不论是在线检定还是离线检定,由于采用的都是标准表法,其检定工艺流程和原理都是类似的。图6-29为标准表法装置并联流程图,图6-30是现场并联的标准流量计工艺图。

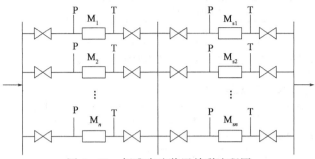

图 6-29　标准表法装置并联流程图

$M_1, M_2, \cdots, M_n$—被检表;$M_{s1}, M_{s2}, \cdots, M_{sn}$—标准表;

T—测温仪器;P—测压仪表;⋈—阀门

图 6-30　现场并联的标准流量计工艺图

三、气体流量计的检定

气体流量计,尤其是用于天然气或城镇燃气流量计量的流量计,是贸易计量的主要器具。正确地使用和定期检定气体流量计不仅保证流量量值的准确一致,有利于加强企业管理、提高经济效益,而且与广大居民切身利益息息相关。

大多数流量计的检定方法、项目和过程都是基本相同的,个别流量计的检定方法不同,如差压式流量计。表6-24根据常用的四种气体流量计的检定方法、检定项目、检定工作原理、检定条件、检定过程等内容用表格的方式描述,便于对照学习。

表 6-24　气体流量计检定对照表

流量计类型	容积式流量计	气体涡轮流量计	超声流量计	差压式流量计
检定方法	直接检定(离线)	直接检定(离线)	直接检定(在线)	间接检定
检定项目	准确度、重复性	准确度、重复性	准确度、重复性	准确度
检定工作原理	标准表与被检流量计串联,在相同的时间内,通过气体的体积量进行比较,计算被检流量计测量的体积量与标准表测量的体积量的偏离量,来获得被检流量计的相对误差			(1)通过测量节流装置的几何尺寸与规定的运行误差范围进行比较,来确认节流装置是否合格; (2)通过配套传感器的检定/校准规程,来确认配套传感器的相对误差是否满足计量性能要求

检定条件	检定用气体	应清洁、无杂质	无气质要求,其他相同
	环境温度	5~45℃	
	相对湿度	35%~95%	
	大气压力	86~106kPa	
	流量计准确度不低于0.5级	(1)每一个流量点在检定期间运行温度变化应不超过±0.5℃; (2)压力波动不超过0.5%	无
	流量计准确度低于0.5级	(1)每一个流量点在检定期间运行温度变化应不超过±1℃; (2)压力波动不超过0.5%	无
流量点	流量计准确度不低于0.5级	Q_{max}(最大流量)、$0.2Q_{max}$、$0.4Q_{max}$、$0.7Q_{max}$和Q_{min}(最小流量)	无
	流量计准确度低于0.5级	Q_{max}(最大流量)、$0.2Q_{max}$和Q_{min}(最小流量)	无
检定过程		(1)确认被检流量计的准确度,及用户要求; (2)检查被检流量计的外观应无破损、干净、铭牌完好; (3)安装在检定工艺中的检定台位上,确保安装无应力、无泄漏; (4)连接电源(必要时); (5)导通并启动检定工艺流程,当运行温度、压力平稳后,调整流量至所需要的流量点,在同一时间段,同时读取标准表和被检流量计的流量累积值度数,并记录温度、压力等参数; (6)根据公式计算相对误差、重复性	(1)测量节流装置的尺寸; (2)检定/校准压力传感器、温度传感器、差压传感器
检定结果的处理		(1)相对误差和重复性均满足被检流量计的计量性能要求,出具检定证书,表示流量计合格; (2)相对误差或重复性任何一项不满足被检流量计的计量性能要求,出具检定结果通知书,表示流量计不合格	满足允许误差范围,出具检定证书,表示节流装置或传感器合格;否则出具检定结果通知书,表示器具不合格

第七节　常用天然气流量计选型

　　天然气作为近年来应用越来越广泛的能源之一,其作用越来越大,下游用户不断增加,消耗量也越来越大,这就要求天然气的计量要非常准确。目前市面上的天然气计量仪表品种繁多,性能褒贬不一,应用较多的主要是孔板流量计(差压式流量计)、气体涡轮流量计、容积式流量计、超声流量计、智能旋进旋涡流量计等。这些流量计在不同的计量区块各有侧重,根据下游用户的特点进行不同类型的流量计的选择应用,不仅可以降低计量误差,同时也能节约成本。

　　常用天然气流量计的选型一般通过以下四个方面来考虑。

一、用户类别

　　用户类别的不同,决定了其用气量的变化也不相同,大致可分为工业用气和民用气两类,工业用气的特点是用气量和用气压力都比较稳定,不论是作为原料用气还是燃料用气,用气设备规模一旦确定,其用气量也基本确定了,自然环境的影响很小,此类天然气流量计选型比较容易满足计量需求。

民用气的特点比较复杂,主要用于加气站、居民家庭用气、部分商业区的供暖等场所。这类用气受城镇规模的大小、车流量、用气场所的面积、季节的变化、昼夜的变化等因素影响,其变化之大可以高达五十倍以上,很难用一台流量计或一种类型的流量计满足流量的运行范围,这就需要选择量程范围比较宽的流量计类型。如果用气量比较大的话,最好能采用双线计量,同时有备用计量线的方式,既扩展了量程范围,也为下游用户后续需求增长的计量提供了选择余地。

二、用气规模

天然气计量系统的流量计及其配套仪表的准确度和功能因用气规模的不同而不尽相同。下游用户的用气规模一般在设计阶段来完成,瞬时流量越大的计量系统,流量计及其配套仪表的准确度要求越高,配套的功能要求也越多,具体配置要求见表 6-25 和表 6-26。

表 6-25　计量系统的准确度及配置要求

瞬时流量(设计能力)q_n,m^3/h (标准参比条件)	$q_n \leqslant 1000$	$1000 < q_n \leqslant 10000$	$10000 < q_n \leqslant 100000$	$100000 < q_n$
流量计的曲线误差校正		√	√	√
在线核查(控对)系统				√
温度转换	√	√	√	√
压力转换	√	√	√	√
压缩因子转换		√	√	√
在线发热量和气质测量			根据需要	√
离线或赋值发热量值测定	√	√		
每一时间周期的流量记录			√	√
密度测量			√	√
准确度等级	C(3%)	B(2%)	B(2%)或A(1%)*	A(1%)

注:"√"为建议配置内容。

* 对于设计能力为 10000～100000m^3/h 的计量系统,可根据计量系统的重要程度和性质来确定其准确度等级为 A 级还是 B 级。

表 6-26　相关参数的测量准确度要求

测量参数	计量系统最大允许误差		
	A 级	B 级	C 级
温度	0.5℃	0.5℃	1.0℃
压力	0.2%	0.5%	1.0%
密度	0.35%	0.7%	1.0%
压缩因子	0.3%	0.3%	0.5%
在线发热量	0.5%	1.0%	1.0%
离线或赋值发热量	0.6%	1.25%	2.0%
工作条件下体积流量	0.7%	1.2%	1.5%
计量结果	1.0%	2.0%	3.0%

三、 经济因素

不同类型的流量计由于制作工艺的复杂程度不同,准确度不同,生产厂家不同,价格相差很大,尤其是国内外的价格差别,同一个类型及规格的流量计,国产表和国外表价格最高相差可达 5 ~ 6 倍。随着我国在科技方面的发展以及对国产仪表研发的大力支持,国产的大多数常用类型的天然气流量计已经比较成熟,但仍有个别类型的流量计在国内的研发不成熟,现场应用的流量计基本依赖国外进口,如超声流量计。目前国内只有一家生产气体超声流量计的厂家的产品应用到现场,效果并不理想,该产品仍在改进研发中。在长输管道中应用已经比较广泛的气体超声流量计超过 90% 的数量都来自国外进口,使用效果比较好。

四、 流量计性能

目前,比较常用的天然气流量计主要是孔板流量计(差压式流量计)、气体涡轮流量计、容积式流量计、超声流量计、旋进漩涡流量计等,因其工作原理不同,量程范围差别较大,可生产的口径范围不同、承压能力不同等因素,适用场所也各有不同,具体区别见表 6 – 27。

表 6 – 27 流量计性能比较表

性能特性	孔板流量计	气体涡轮流量计	容积式流量计	超声流量计	智能旋进旋涡流量计
允许误差范围内典型的范围度	3 : 1(差压单量程);10 : 1(差压双量程)	10 : 1 ~ 50 : 1	5 : 1 ~ 150 : 1	30 : 1 ~ 100 : 1	10 : 1 ~ 15 : 1
准确度	中等	高	高	高	中等
适合公称通径,mm	50 ~ 1000	25(10) ~ 500	25 ~ 200	≥80	20 ~ 150
气质要求	中等	较高	高	较低	中等
压力损失	较大	中等	较大	低	较大
受环境温度影响	较小	较小	较大	较小	较小
脉动流	有一定影响	影响较大,流量快速的周期变化会使测量结果过高,影响取决于流量变化的频率和幅度、气体的密度、叶轮的惯性	不受影响	只要脉动流的周期大于流量计的采样周期,就不会受影响	影响较大
过载流动	可过载至孔板上的允许压差	可短时间过载	可短时间过载	可过载	可短时间过载
供气安全性	流量计故障不造成影响	流量计故障(如叶片损坏)可能会造成影响	流量计故障可能中断供气	流量计故障不造成影响	流量计故障可能会造成影响
压力和流量突变	压力突变可能会造成节流件或二次仪表的损坏	流量计故障(如叶片损坏)可能会造成影响	流量突变易造成转子损坏	压力突变可能会造成超声换能器损坏	流量计故障(如叶片损坏)可能会造成影响

性能特性	孔板流量计	气体涡轮流量计	容积式流量计	超声流量计	智能旋进旋涡流量计
典型上游直管段	30D（加装流动调整器）	10D	4D	30D（加装流动调整器）	10D
典型下游直管段	7D	5D	2D	5D	5D
价格(同规格的条件下)	较高	较高	低	最高	最低
相关流量计图片					

从这五种气体流量计的计量性能、安装要求、检定难易程度及性价比等方面来说,其优缺点可以概括为:

(1)孔板流量计的优点是检定比较方便,不宜损坏,价格适中;缺点是量程比小,安装要求高,适合应用在用气量比较稳定的工业场所,不适用于变化较大的民用气场所。

(2)气体涡轮流量计的优点是量程比比较大,安装要求不高,检定也比较方便,价格适中,既可以应用在用气量比较稳定的工业场所,也可以应用在大多数的民用气场所;比较明显的缺点是对气质要求比较高,对流速比较敏感,流速过快,叶轮容易损坏。

(3)容积式流量计的优点是量程比很大,安装要求不高,检定也比较方便,价格较便宜;缺点是压力等级较低,口径范围比较小,可以应用在压力比较低,流量变化很大的小流量民用气用户场所,不适用在高压、大用气量的场所。

(4)超声流量计的优点是基本免维护,量程比很大,口径范围也很大,准确度高,可以应用在大多数用气场所;缺点是价格高,需要实流在线检定,国内可实现实流检定的检定站屈指可数,而且检定时间长、距离远、费用高,很不方便。目前在国内,大多数的超声流量计都应用在比较重要的大型用气场所、长输管道或比较重要的贸易交接场所。

(5)智能旋进漩涡流量计是速度式流量计的一种,其优点是免维护,量程比较大,检定方便,价格低;缺点是口径范围小,计量准确度低,一般应用在流量小、压力不高且不太重要的自用气场所。

第八节　常用天然气流量计量软件

为了实现天然气计量的数量统一化,国家规定了统一的标准参比条件,即一个标准大气压、20℃。不论是什么工况的天然气计量系统,在贸易交接、内部损耗等不同的运行情况下计算天然气量,都要把工况条件下的气量换算成标准参比条件下的气量,不同类型的流量计的计算标准不同,计算公式也不相同,计算过程中还需要用到各类数据库,以及复杂多变的工况条件,手工计算无法满足现代工业生产的需要,计量软件应运而生。

不同类型的流量计使用不同的计量软件,这些软件均已固化到与流量计配套的流量积算仪里,大多数流量积算仪(或流量管理器、流量补偿仪)与流量计是一体化出厂的,如容积式流量计、气体涡轮流量计(图6-31)、智能旋进旋涡流量计(图6-32)、超声流量计等,也有个别流量计与流量积算仪不是一体化出厂的,需要单独配置,如孔板流量计(图6-33)。由于计量软件中的计算公式和使用的数据库不同,不同类型流量计配置的流量积算仪大多不能互换,但其实现的功能是一致的。天然气流量计量软件操作见视频6-11。

图6-31　流量积算仪和流量计一体化
配置的气体涡轮流量计

图6-32　流量积算仪和流量计一体化
配置的智能旋进旋涡流量计

视频6-11　天然气流
量计量软件操作

图6-33　流量管理器与流量
装置分别配置的孔板流量计

为了提高流量积算仪的市场占有率,一些有远见的厂家已经在尝试生产功能更强大的流量积算仪,把不同类型的流量计的计算方法编进计量软件,让用户可以根据不同的仪表类型选择计算方法,实现用气量的计量,这种方式大大增强了流量积算仪的兼容性。

所有的天然气流量计计量软件均基于天然气计量过程的运行参数采集、气量计算、计量过程参数的动态管理三个方面,主要功能有以下四个方面:

(1)集成度高。不论是计算软件集成在现场安装的流量积算仪中,还是集成在仪控柜里的流量计算机,均可采集、计算并显示天然气计量系统中的压力、温度、瞬时工况流量、瞬时标况流量、当日累积流量、昨日累积流量、总累积量等参数,还可以录入组分、流量计的基本参数、查询历史数据、故障报警等。

(2)计算功能强大。既可以满足质量流量、体积流量、能量流量的计算,还可以根据不同类型的流量计算工况瞬时流量、标况瞬时流量、工况累积流量、标况累积流量,也可以进行昨日累积流量、今日累积流量等的计算,能够把外部数据如色谱分析仪的数据引入流量管理器参与气体流量的实时计算(图6-34、彩图6-2、视频6-12)。有些流量计算机还集成了不同类型流量计的计算程序,使之兼容性更强。

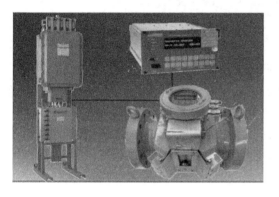

彩图6-2 色谱分析仪样气管路

视频6-12 色谱分析仪

图6-34 流量管理器接收来自超声流量计和色谱分析仪的信息示意图

(3)数据准确度高。由于生产自动化程度的提高,大多数天然气配气站内建立了生产运行管理信息化平台,实现了运行数据的实时监控,计量系统的数据普遍实现了通过通信模块实时采集并上传至生产运行监控系统,数据采集和传输结构如图6-35所示。

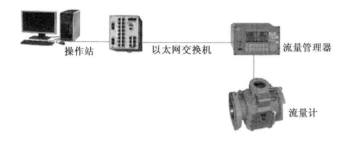

图6-35 实时数据共享结构图

(4)普遍具有自诊断功能。计算软件在实现了计算功能的同时,也能够进行一些不同参数运行范围的设置。根据用户的需要,设置不同参数的上下限报警指标,使这些参数在运行时出现异常能及时报警,以及一些非常规现象的报警记录。强大的储存功能还可以把各类运行参数、报警记录、操作记录等保存一段时间,方便用户调取、查阅、统计分析。

图6-36是一台美国爱默生公司生产、应用在孔板流量计上、型号为FLOBOSS103的流量管理器通过配套软件在电脑上显示的一个界面。

从界面上可以看到流量计的运行压力、温度、差压、瞬时体积流量、瞬时能量流量、当天累积体积值、当天累积能量值、昨日累积体积值、月累积值、管道内径、孔板内径、气体密度及其他涉及计算的一些过程参数等大量的数据。

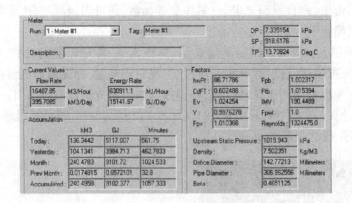

图6-36　计量软件显示界面

计量软件作为天然气流量计在使用中必不可少的组成部分,在相关行业里起到了极大的作用。不仅实现贸易交接的数量计量,还满足了生产企业自用损耗的计量,为企业控制成本起到了量化的作用。随着科学技术的发展,互联网的广泛应用,计量软件的研发越来越人性化、智能化、共享化,为提高企业生产经营管理,降低操作员工劳动量,降低流量计的故障率提供了更好的平台。

📚 思考题

1.气体流量计根据其工作原理通常分为哪几类? 举例说明。

2.气体流量计的检定方法通常有哪几种?

3.气体流量计在选型时需要考虑哪些因素?

4.计量软件有哪些功能?

第七章 天然气损耗管理

天然气从生产、运输、销售到利用的整个过程,经历过处理、集输、分输、压缩、液化、气化等多个工艺流程,多个环节、多个流程、多种形式之间的转化,容易造成损耗。天然气的气量损耗属于生产经营管理指标,与单位的管理要求、生产工艺、设备配置和生产规模等有关系,是评价天然气企业运行效率的指标,同时也关乎企业的经济利益。因此,伴随天然气的大规模应用,损耗问题也越发受到天然气贸易双方的重视。

目前,国内在天然气损耗的管理与控制方面相对粗放,大部分企业存在损耗情况,且损耗量较大。在天然气交接计量过程中,由于仪器测量误差、计算方法误差等会影响计量结果的不确定度,从而影响企业的生产成本和经济效益。本章针对天然气工业中主要的集中存储和输运方式,讨论天然气损耗的概念、产生原因、分析方法及控制措施等方面,提升天然气损耗管理工作。

第一节 LNG 气化损耗管理

一、LNG 气化的形成分析

由于 LNG 是在常压温度低至 $-162℃$ 下运输和储存的,受外界环境热量的侵入,LNG 罐内的部分机械能转化为热能,使罐内 LNG 气化产生大量的蒸发气体。这部分蒸发气体(温度较低)简称 BOG 蒸气 (boil off gas)。一般地上储罐日蒸发质量分数约 0.05%;除此之外,储气库相当数量的管线、设备保冷循环以及 LNG 充卸液过程中也会产生 BOG,这三部分 BOG 构成了储气库 BOG 的主体。BOG 成因示意图如图 7 - 1 所示。

LNG 非常重要的一个特性是在正常储运过程中会不断地产生蒸发气体。通常 LNG 汽车加气站的工艺流程包括卸车、储存、增压和加气等过程,在汽车加气过程中,产生 BOG 涉及的主要环节包括 LNG 槽车到站后的卸车过程和 LNG 在储罐内的储存过程以及 LNG 加气过程等。

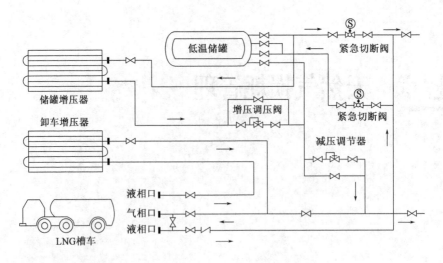

图 7 - 1   BOG 成因示意图

二、 BOG 的来源

（1）低温输送管道。LNG 槽车到站后须通过低温管道进行输送,在此过程中 LNG 将会吸收外界环境中的热量而发生气化,进而会产生 BOG。

（2）低温卸车泵。目前低温泵卸车的技术已较为成熟,大部分加气站均采用该种方式,对于选用立式潜液泵的用能单位,泵机组的各部分均被保冷外壳覆盖,一旦产品由于质量问题而影响到保冷效果,泵体周围则易形成 BOG 气体。

（3）LNG 储存环节。目前 LNG 汽车加气站中采用的储罐虽然均进行了绝热保冷的良好处理,但部分外界热量仍会进入储罐中,LNG 在吸收外界的热量后将会变成 BOG。

（4）LNG 组分的影响。由于 LNG 中重组分、沸点、蒸气压均是同升同降的关系,当储罐内再次加入新的 LNG 时,则刚加入的 LNG 会被进行加热,会产生较大的蒸发量。

（5）工艺设计环节。在工艺设计方面出现的 LNG 的输送管道过长,对低温保冷管道绝热材料的设计不够细致等情况都会导致产生较多的 BOG。

三、 BOG 的回收方法

在实际应用中,BOG 的回收主要包括两种方法,分别为对 LNG 气化过程中产生的天然气进行利用和对 BOG 中所携带的冷量进行回收。常用的回收主要办法包括以下五种。

1. 作为动力设备的燃料

在工业生产中为了保证正常运行的安全,对于 BOG 常用的处理办法是进行放空或火炬点燃,从严格的意义上讲该办法不属于回收的方式。但是随着技术的发展,该方式已经发生了改变,放空的气体具有一定的冷能,因此可以对这部分气体进行二次利用。在 LNG 船中,利用 BOG 作为动力设备的燃料,但是这种方式存在运行不稳定和安全隐患等缺点。

2. 进行气体并网

BOG 气体进行并网处理也是其回收的一种方式,如图 7 - 2 所示。生产使用中产生的 BOG 气体通过分离器除去夹带的液体,然后经过多级压缩后输入气体管路,这样可以实现气体的回收利用。从该工艺的流程可以发现,该种工艺具有设备少、原理简单等优点,因此该方法在实际生产中使用较多。日本有几家公司的 LNG 接收站便利用该种工艺进行 BOG 的回收。

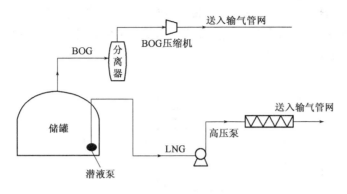

图 7-2 BOG 并网处理工艺流程

3. 补充储罐气体

在 LNG 船进行储罐的装卸工艺时,由于液体的减少会产生一定的真空度,这一现象的存在增加了该过程的能耗,因此可以利用所产生的 BOG 气体返回储罐内的办法来降低储罐内的真空度。这种办法能够避免采用其他补充气体所造成的能量损失等问题,如图 7-3 所示。但是该方法存在一定的缺点,即只能处理少量的气体。

4. 补充隔热层气体

BOG 气体补充 LNG 储罐隔热层中的隔热气体。在传统的 LNG 储罐中,多采用普通的堆积隔热结构,需要在隔热层中充装一定量的气体 N_2 来维持正压,但是制氮设备会增加运行成本,因此可以采用 BOG 气体代替氮气充装隔热层。利用该种方式只需要在原来的基础上稍加改造即可,具有投资少、结构简单的优点。对这种方式进行了探索和论证,并对隔热层的气体进行了传热分析。BOG 补充隔热层气体工艺流程如图 7-4 所示,只是这种办法消耗的 BOG 量比较少,因此对于大量的 BOG 气体并不适用。

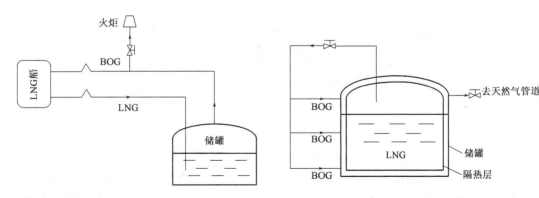

图 7-3 BOG 补充储罐气体工艺流程   图 7-4 BOG 补充隔热层气体工艺流程

5. 二次液化

BOG 其他的二次液化工艺是将 BOG 气体经过压缩机增压后利用再冷器进行冷却,实现对 BOG 气体的二次冷却。根据再冷器冷源的区别进行分类,BOG 气体的二次液化工艺主要包括以下三种。

(1)采用外部制冷介质进行制冷。在 BOG 气体进行二次冷却的工艺中,文献中提出采用外部制冷剂液氮和丙烷进行二次液化,如图 7-5 所示。从工艺流程图可以看出,储罐中的 BOG 经过分离压缩后进行冷凝和二次液化,最终实现储存或外输。对这种工艺进行了优化设计,使得该方法更加具有实用性。

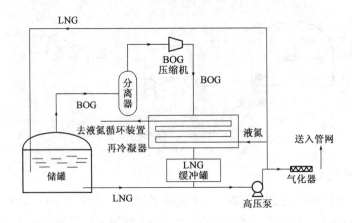

图 7-5 采用外部制冷介质进行制冷的工艺流程

(2)采用储罐内部 LNG 制冷方式。采用储罐内的 LNG 进行 BOG 的二次液化的工艺,如图 7-6 所示。这种方法与前一种方法相比,其最大的不同在于采用的冷能介质是储罐内部的 LNG,这种方式能够减少外部配套的投资。

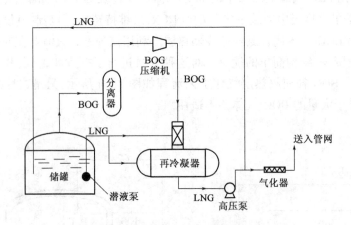

图 7-6 采用储罐内部 LNG 制冷方式工艺流程

(3)蓄冷式二次液化工艺。当采用储罐内部 LNG 制冷方式工艺流程时,由于 LNG 夜间的外输量小,从而导致所提供的冷量不足,使得 BOG 液化冷量不足,因此在上述工艺的基础上提出了蓄冷式二次液化工艺,如图 7-7 所示。蓄冷式二次液化工艺通过制冷剂与外输 LNG 进行冷量交换,使得一部分冷量得以保存,从而能够保证二次液化工艺的需求,弥补冷量不足的问题。虽然该工艺具有很大的优点,但是投资大、操作困难,仍然需要进一步的研究。

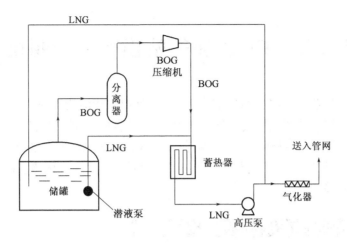

图 7-7　蓄冷式二次液化工艺流程

四、减小 BOG 产生的途径

目前减少 BOG 产生的途径主要包括对低温泵池结构的改进和对低温液体储罐的选择以及对 LNG 气化供气装置节气阀的调整等方法。常用的 LNG 储罐主要有高真空多层缠绕粉末绝热和真空粉末绝热两大类,在相同环境温度下高真空多层缠绕绝热结构的绝热性能要明显优于真空绝热粉末。所以为了减少 BOG 的产生量,通常选择高真空多层缠绕式绝热结构的 LNG 储罐。目前国内主要采用低温泵池真空结构来实现绝热,然而低温泵池盖并不具备良好的绝热功能,导致泵池中的 LNG 直接和低温泵池盖进行接触换热,进而产生 BOG。把低温泵池盖设计成真空结构,以便能够减少热交换,减小 BOG 的产生量。在 LNG 气化站或其他供气设备中,由于 LNG 储存压力和供气压力都比较低,可采用调整节气阀减少 BOG 的产生,在气相管和液相管之间安装一个节气阀,当 LNG 储罐内的压力低于节气阀设定的压力时节气阀关闭,当 LNG 储罐内的压力高于节气阀设定的压力时节气阀开启,通过泄放 BOG 使储罐内的压力下降。

为了减少 BOG 的产生,对设计单位、生产厂家都提出了较高的要求。在对低温保冷工艺管道(特别是卸车和加气液相管道)进行设计时应该有明确的技术要求,对绝热材料采用包覆法时应该有明确的绝热材料技术参数和保冷层厚度的施工要求,对真空管采用保冷技术时应该有明确的封结真空度数值要求和对真空泄放气体时的速率及使用寿命(即保证正常真空度的使用周期)的要求。如果对低温工艺管道的保冷措施做的得当,则蒸发气体量就会极大降低,在低温保冷管道的设计方面,应该对 LNG 液体储罐提出相当明确的保冷指标要求,无论是高真空多层绝热储罐还是真空粉末绝热储罐都对保冷应该有明确的技术要求。对于一定体积的储罐必须要有相应的真空度和静态蒸发率,一旦超过这些指标就不会达到保冷的效果,随之蒸发气体产生量就会相应增加,所以应该通过及时抽真空来处理或者通过采取其他的有效措施。有专家综合相关规范和工程实践提出了储罐的保冷数值指标要求,以及对储罐真空度的数值指标要求和对静态蒸发率的数值指标要求。对加气站进行设计时在工艺上储罐应该具有上进液功能,在卸车操作时当储罐内 LNG 的温度高于外来气体时,应该采取上进液的方法来降低罐内的 LNG 温度,以便降低储罐内的气相压力,最终达到降低蒸发气体量的目的。减少 BOG 产生途径的研究也是研究的重点,只有以典型接收站为切入点,从管理、技术等方面全面摸索减少 BOG 的措施,才能从根本上降低 LNG 接收站的天然气损耗。

第二节　CNG 加气站损耗和控制措施

随着汽车工业的蓬勃发展,CNG 加气站作为一种提供清洁能源的平台应运而生并发挥着越来越大的作用。根据站区现场或附近是否有管线天然气,CNG 加气站可分为常规站、母站和子站。除人工费外,常规站运行成本主要有天然气、电、水、脱硫剂、脱水剂、润滑油、工艺配件消耗。其中,天然气气损程度是影响加气站经济效益的一个重要因素。减少气损是 CNG 加气站常规站节能的关键措施。

一、CNG 加气站常规站产生气损的原因

CNG 加气站常规站的一般流程是连接城市燃气管网获得天然气,经计量、增压、脱水后储存或销售。由于整个流程工艺设备较多,设备放空排污时不可避免地产生气损,一般用输差来量化气损程度。产生气损的原因主要有以下五种。

(一)计量本身的误差

CNG 加气站常规站的计量装置由气源处的流量计和销售机的计量系统组成。对川渝地区进行统计发现目前流量计采用最广泛的是罗茨流量计,少部分站采用了高级孔板阀。其中高级孔板阀受人的维护保养、上下游直管段长度和粗糙度、差压信号管路以及仪表自身误差的影响,出现计量不准确的概率较大。罗茨流量计的精度达到了 ±1.5%,但对气源的气质要求较高,若气源脏,含水量高,则计量结果偏大。销售机采用的美国费希尔·罗斯蒙特质量流量计(或丹麦 MASSFLO 质量流量计)是依据科氏力原理来测量流体质量流量的,受环境因素影响较小,精度控制在 ±0.5% 以内。天然气密度可能发生变化,当密度变小时,质量流量计计量值小于真实体积值,造成气损增大。

(二)放空、排污损耗

在 CNG 常规站整个工艺流程中,不同管段和设备均会设置放空和排污阀,压缩机组低压放空一般直接排入大气;进气分离器排污时也带走部分气体;脱水装置各过滤器、分离器排污时均会带走气体;储气井排污也将带走部分气量,各个环节的放空排污均会造成一定程度的天然气损耗。

(三)工艺设备泄漏

安全阀、放空阀、排污阀等因使用时间久、产品质量、保养不到位等原因产生内漏,造成气体泄漏;电磁阀和拉断阀密封不严,三通枪阀泄漏;压缩机组活塞杆磨损,与填料不能完全密封,导致高压天然气窜入曲轴箱从呼吸口冒出;加气机电磁阀因气质脏关闭将产生高压时不计量,导致气损增大。

(四)工艺设备缺陷

填料靠气体压力进行密封,填料在密封过程中会泄漏部分天然气,目前仍有部分加气站的

压缩机组填料气没有进行回收，机组处于运行状态时一直有气体排入大气中。加气枪每加完1辆汽车后将进行高压放空，也未进行回收。存在错峰的场站，单向阀容易损坏，错峰停机后再生气将返回上游管网引起重复计量，气源压力降低时引起天然气回流，气损进一步增大。若压缩机前的所有压力容器（脱硫塔、缓冲罐、回收罐、加湿器等）水容积为 $12m^3$，每日错峰 3 次，每次压力从 0.8MPa 降低到 0.4MPa，则产生的气体重复计量为 $144m^3/d$。

（五）正常耗损

天然气是以各种碳氢化合物为主的混合气体，在低于最高凝析温度的某一温度值时，压力升高到露点线后，重烃将会形成液态；在一定压力下，温度下降至露点温度时，重烃也会形成液态排出，增大了天然气气损。此项影响由气源气质决定，高者可达到 5%。

二、减少气损的措施

针对 CNG 加气站常规站各个环节出现的气损情况，结合现场技术人员的管理经验，提出以下解决措施。

（一）减小计量本身误差

首先应结合场站的气质条件、流量计与压缩机组的距离，选择合适的流量计。推荐优先考虑罗茨流量计，但针对气质较脏、距离压缩机组较近时则可考虑使用高级孔板阀流量计。使用孔板阀时，要保证上下游直管段长度和粗糙度符合计量要求、差压信号管路的正确安装；同时，应加强流量计的维护保养工作，根据气质条件定期清洗孔板，对不合格的孔板进行更换。对于售气机的质量流量计，要定期对电磁阀进行清洗，根据天然气密度进行流量计参数设置，减少因天然气密度变小而产生的气损。

（二）减少放空、排污损耗

首先应定期对阀门进行注脂，减少放空阀、排污阀内漏。再者，根据储气井压力合理安排机组运行状态，减少机组的启停次数，从而减少压缩机向空气中的排放量。应优先考虑城市管网净化气，原料气由于气质脏、含水量大，将增加排污次数，增大气损。但若存在错峰问题，则可考虑其他气源。应加强压缩机组的维护，防止设备损伤后产生更大的泄漏量。要定期对压缩机组活塞杆、填料、各高压阀门等进行检查，若活塞杆与填料密封性较差，则应更换活塞杆或填料。

（三）改造工艺设备

目前国内各大 CNG 压缩机生产厂家已基本实现了填料气回收。填料气经冷却器冷却、通过缓冲罐进入进气系统中，从而极大减少了气损。部分国产售气机也实现了加气枪放空回收系统，避免了高压气体放空造成气损。

三、加气站气损治理实例

某 CNG 站销售气量 $0.7 \times 10^4 m^3/d$，前端计量 $0.76 \times 10^4 m^3/d$，气损量 $600m^3/d$ 左右。气损主要由 3 个方面的因素造成：该站采用气源为原料气，没有经过净化处理，气质差，含水量大,正常气损高;站内单流阀损坏,受上游网管压力波动,单流阀后已经计量的天然气返回上游进一步增大气损;站内 2 台老式压缩机填料气、售气机放空均没有进行回收,直接排入大气。

从表 7-1 可以看出,随着销售气量的增加,输差也随之增大,因为工艺设备随着销售气量的增加而运行时间加长,各设备的良好状态变差,气损程度增大。2011 年全年输差达 8.4%,主要原因是该站采用气为原料气,与邻水县城共用 1 条网管,每日 3 次错峰停机。停机后,前端管线压力降低,分子筛再生倒流入前端造成重复计量。由停机再生实验得出,气损减少为300 m³/d 左右,输差降到 5% 以下。

表 7-1　某加气站历年输差统计

年份	前端计量,$10^4 m^3$	销售量,$10^4 m^3$	气损量,$10^4 m^3$	输差,%
2009 年	21.28811	20.15186	11.3265	5.3
2010 年	29.12901	27.32483	18.0418	6.2
2011 年	27.79022	25.44449	23.4573	8.4

2012 年上游管网改变,不再存在错峰,2012 年输差逐渐下降。如表 7-2 所示,2012 年 1月到 3 月输差异常,日均气损量达到 1300 m³,输差达 16%。气损增大主要由售气机和压缩机组造成。联系地方质检局检测售气机流量计,发现 3 支加气枪中有 1 支偏差达到了 18%,更换后第 2 日气损减少 500 m³。检修 2 号压缩机组发现填料气泄漏严重,停用后日均气损继续减少 500 m³,输差控制在 5% 左右。4 月初对 2 号机组活塞杆进行了更换,但 5 月因 1 号机组填料气泄漏导致输差继续增大,5 月底更换 1 号机组后输差降低。公司已初步决定更换 2 台压缩机和售气机,将压缩机填料气和售气机放空量进行回收,初步分析日气损量将控制在 200m³ 以内。长远规划中,采用净化气作为气源,进一步减少气损。

表 7-2　某加气站 2012 年输差统计

月份	前端计量,$10^4 m^3$	销售量,$10^4 m^3$	气损量,$10^4 m^3$	输差,%
1 月	27.4308	246.106	2.8202	10.3
2 月	22.3703	18.7446	3.6257	16.2
3 月	21.3946	18.7984	2.5962	12.1
4 月	20.0688	18.9034	1.1654	5.8
5 月	21.1688	19.6817	1.4871	7.0
6 月	18.5333	17.7026	0.8306	4.48

四、CNG 加气母站损耗的成因与控制措施

(一)气量损耗成因分析

(1)计量失灵、失误。CNG 加气母站主要通过一定的计量系统来进行气量计量。进行天然气质量的测量,通常通过体积流量来对应算出气量,其中天然气自身的密度如果有所变动,则可能使得流量计的计量值也对应发生变化。相反,如果天然气变得稀疏,也就是密度变小,倘若依然未能及时调整流量计中的密度值,则将影响气量计量值。

(2)仪器与设备闲置受损。加气母站中的一些设备,如压缩机、干燥设备等存在设计方面的不足和问题,以及一些检测设备,如压力表等长期不用都可能导致其计量功能的弱化。在实

际使用相关设备、仪表的过程中需要对其实施泄压放空处理,这其中就可能造成气体的损耗,同时,CNG母站的动态设备较多,实际的检修与养护过程中,也势必要泄压放空处理,这样就会导致气体的释放。

(3)工艺系统排污损耗。按照规定的运行规程与工艺,CNG加气母站在使用过滤器之前,后方需要安装气液分离设备,其中的多项装置、设备等都需要排污,实际排污过程中则可能伴随着油气的外泄,在不知不觉中浪费了油气。

(4)其他设备故障。加气母站中的一系列设备、装置由于工作时间较长、养护不到位等都可能造成其内部一些关键的部件,如安全阀、排污阀等无法紧密关闭,从而造成气损。

(二)控制气损的科学对策

1.维修养护计量系统

需要定期对计量系统进行检查、检修与维护,通常每六个月检修一次,每三个月则要对天然气密度设备进行检修,减少其计量误差,当出现误差时,则要深入分析成因,而且要采用科学的解决与控制对策。

2.控制CNG加气母站的排污

要经常性地向阀门注入油脂,以此来控制放空阀、排污阀发生内漏问题,而且要强化压缩机组的养护,预防设备受损,从而减少油体泄漏,应该参照槽车进站的具体时刻来科学地装配机组,应该尽可能地选择切枪工作模式,这样才能减少机组启动与停滞的机会,这样就抑制了压缩机排气的可能。

(1)掌握先进的技术与工艺。在初期采购机组时,应该掌握相关的技术、工艺和规程,而且要对一些重要设备,如安全阀等添加根部阀门,进气缓冲罐以后,将截断阀设置于排气缓冲罐,并列进相关的技术协议,需要深入优化技术和工艺流程,控制天然气的损耗。

(2)深入改造机组。要对机组实施深入地改造与优化,也要加大对压缩机的优化调整与改造力度,要逐步搭建一个填料气回收系统,并对填料气实施冷却处理,再途经回收罐来逐渐流向进气系统,以此来控制填料气的损耗,减少加气母站的气损。

第三节　地下储气库天然气损耗及控制

地下储气库的注采运行,需要持续监测储气库内天然气的运移和渗漏情况,校核储气量,以保证储气库的供气能力。从地质层面,储气库的泄漏损耗主要包括内部渗漏、外部泄漏、垫层气量增加;从工程层面,储气库泄漏损耗主要包括注采井泄漏、地面管道和设备泄漏、注采气系统放空。储气库注采过程动态监测内容主要有:采气井和注气井压力、温度等动态参数,盖层的密封性,固井质量和套管的密封性。监测手段主要有中子测井、温度测井、转子流量计等。通过监测关井压力和地层压力随库存量的变化曲线动态判定储气库泄漏情况的方法,为我国储气库的工程实践提供了理论依据和技术支持。

天然气损耗是储气库的特有参数之一,它不仅关系到储气库运行的经济特性,而且还是评价一个储气库成败的关键。根据几年来对已建储气库的运行观察、研究,对储气库天然气的损失进行了归纳和总结,并有针对性地提出了控制措施,对储气库的设计、运行及减少天然气损耗有一定的指导意义。

近年来,我国的天然气工业得到了快速发展,相继建成了陕京线、涩兰线、西气东输线和忠武线等长输管线,陕京二线也即将建成投产。上述几条长输管线与西气东输管线的连通线建成后,将形成长输管线网络。随着长输管道的兴建和投产,需要配套建设地下储气库,以解决季节调峰供气和城市供气安全问题。例如,陕京输气管道已建成的大张坨、板876和板中北3座地下储气库,这些储气库对于北京、天津和华北地区冬季调峰供气起到了不可替代的作用。地下储气库一般由废弃的油气藏、地下含水层、盐穴或废弃矿坑等改造而成,前3种地质体,尤其是废弃的油气藏将是我国建设储气库的主要对象。因地质结构的复杂性、天然气的易流动性和储气库设施等方面的原因,在储气库运行过程当中,不可避免地存在着天然气的各种损耗。这就增大了储气库的运行管理成本,甚至影响储气库建设的成败。

一、储气库天然气损耗

储气库不同于一般的油气藏,一般油气藏的开发周期在10~20年,而一个成功建设的储气库的使用寿命在50年以上(世界上第一座地下储气库已安全运行了80余年)。储气库的天然气损耗一方面包含了确实跑出地下构造和集输气系统的天然气,同时还包含了因特殊原因注入地下而长期不能够发挥经济效益的那部分天然气。储气库的天然气损耗包括如下三个方面。

(一)地质方面

(1)从构造溢出点逃逸的天然气。因储气库构造圈闭高度有限、注气压力过高,天然气推动边水逐渐向构造低部位推移,当气水边界被推进到构造溢出点时,天然气将从构造中溢出,造成天然气泄漏和损失。

(2)断层或盖层的扩散。储气库的盖层一般为封闭条件较好的泥岩、页岩,封闭性的好坏取决于盖层的品质和厚度,泥页岩的纯度越高,厚度越大,封闭性就越好。但由于盖层分布的不均衡、注气压力过高,将有可能使泥页岩盖层产生突破,造成天然气逃逸。内部断层尤其是对油气起控制作用的边部断层,因注水作用、构造运动或注气压力过高,会破坏断层的封闭性,也会造成天然气的损失。

(3)储气库扩容损失。利用废弃的油气藏、水藏改建的储气库,库容的形成是一个较长期的过程,最终形成稳定工作气的时间最短也需要数年,而油藏、水藏改建的储气库最长需要10年。在库容不断增大的过程中,不仅工作气量不断增大,垫底气量也在不断增加,增加的垫气量一般占增加库容部分的55%~60%,这部分天然气长期积压在地下,不能够发挥应有的作用,若按照储气库寿命50年计算,折算这部分天然气的现值接近0。虽然这部分天然气没有发生实际的损失,但从经营和经济的角度分析,却完全等同于损失。这部分损失可通过每年的注、采生产以及所建立的储气库库容地层压力关系曲线进行分析和计算。

(4)原油或地层水的溶解。若储气库由废弃的油藏或带有油环的气藏改建而成,注气后残余的原油将溶解部分天然气。这部分天然气中的一部分可在采气过程中被采出,形成一定的工作气,而另一部分则将长久被封存在地下不能够发挥作用。同样,地层水中也会溶解一部分天然气。

(二)工程方面

(1)注采井的泄漏。若注采井因套管螺纹泄漏、套管腐蚀破损,且生产套管存在固井质量问题,天然气将从井筒内产生泄漏。泄漏的天然气可进入到它所经过的砂层、水层,直至上窜到地面,这不仅会造成天然气的损失,还可能产生环保事故甚至安全事故。这部分泄漏气具有较强的隐蔽性,难以确定具体的数量。

(2)地面管线或设备的泄漏。包括因注采气管线、地面设施的腐蚀而产生的泄漏,以及因管线打孔盗窃而产生的天然气损失。

(3)注采井作业有组织地放喷。注采井在压井作业后,需放喷排除井筒压井液恢复生产,一般通过点火把的方式,需要燃放一定数量的天然气。注采井作业完成后,往往需要测定注采井产能的变化,放喷时需要测定几个不同制度下的压力和产量,这部分气量一般是经过计量的。

(4)地面注采气系统有组织放空。有组织地放空包括系统维修时的管线或设备减压放空和全部放空,注气压缩机停机时注气系统从高压状态向低压状态平压时需放空部分天然气。

(5)突发事故引起的天然气泄漏。包括注采井外力破坏、管线外力破坏等突发事故所造成的天然气泄漏。储气库在发生突发事故时,控制系统会自动切断事故段与其他段的联系,因此天然气泄漏一般局限在事故段上下游一段,损失量可通过计算确定。对于气井发生的重大井喷着火事故,也可根据气井的生产能力、井喷的时间估算天然气损耗量。

(三)凝液携带

作为凝析气藏改建的储气库,注气后可将反凝析在地层内的凝析油重新挥发在天然气中,这部分凝析油可随着天然气产出地面。因此凝析气藏改建储气库后,可在很大程度上提高凝析油的采收率。但与此同时,在天然气处理过程中,这部分凝析油在地面减压或低温状态下重新被分离出来,将携带走部分天然气。这部分天然气若被回收,需要进行再次降压分离,分离出的天然气因压力太低,无法进入天然气外输系统,因此将无法彻底回收,从而造成损失。损失量的大小,一方面取决于凝析油的含量、凝析油的组成和性质;另一方面则取决于天然气处理系统的压力大小和凝液外输的温度。实际损失量与凝析油的数量成正比,系统的处理压力越高,凝液外输的温度越低,携带量就越大,凝析油中轻质组分含量越多、凝析油密度越小,单位携带量就多。同样,由废弃的油藏改建的储气库,也可提高原油的采收率,采出的原油在地面分离后也会携带走部分天然气,从而造成损失。

(四)实例

我国某储气库是由凝析气藏改建而成,已进行了 4 个注气和采气周期的生产。该气藏在改建储气库之前,为一个正在进行循环开发的凝析气藏,地层压力水平下降到了约 20MPa,计算气藏内剩余的工作气量为 $2.19 \times 10^8 \mathrm{m}^3$。改建成储气库后,到 2003 年 3 月底,储气库累积注气 $11.57 \times 10^8 \mathrm{m}^3$,累积调峰供气 $12.85 \times 10^8 \mathrm{m}^3$,储气库总注气量加原先剩余的工作气为 $13.76 \times 10^8 \mathrm{m}^3$,平衡差为 $0.9125 \times 10^8 \mathrm{m}^3$,即天然气的损失量,按总注气量 $11.57 \times 10^8 \mathrm{m}^3$ 计算,天然气损失率为 7.89% 。

上述损失当中,不包括注气阶段压缩机的燃气消耗、采气阶段的生产和生活消耗(这些用气量另行计量,已统一纳入生产成本消耗中)。

二、 减少损耗的措施

从上述理论分析和实例可以看出,储气库的天然气损失不容忽视,应根据不同储气库的特点,从设计、建设和管理入手,采取有效措施,努力降低消耗,提高储气库的管理水平。

(1)储气库建设的成败关键在于库址的选取,要选择储层物性好、盖层品质好且分布面积大、断层少、构造圈闭高度大的地质构造。而保障天然气的密封性则是选库的关键。选择气藏改建储气库,在储气库的运行压力不高于原始地层压力的情况下,密封性方面有充分保障,当储气库的运行压力高于原始压力,或选择油藏、水藏等构造改建储气库时,必须对构造的盖层、断层的密封性进行多方面的分析、评价和认识。

(2)美国利用废弃油气藏改建的地下储气库已达365座,其中用油藏改建的储气库只有9座,比例仅为2.47%;凝析气藏、带油环的凝析气藏或带气顶的油藏构造改建的储气库共35座,比例为9.59%,而利用纯气藏改建的储气库所占的比例则高达87.67%。利用纯干气藏建库,一方面可加快建库进程,另一方面因采出流体中不含凝析油或原油,避免了采出气进行脱油再处理。

(3)储气库的运行压力(上限压力和下限压力)是一项重要的设计指标。运行上限压力关系到储气库的密封性和能否发生溢出点溢出,在保障盖层和断层封闭的条件下,要经过科学计算,确保注入的天然气不会从溢出点溢出而造成损失。在保障天然气外输及防止边水重新影响储气库生产井产量的情况下,要求尽量降低储气库的运行压力下限。这样既提高了储气库的工作气量和运行效率,又可降低垫底气量(可在储气库的运行中逐步摸索最佳下限压力)。

(4)储气库的注采井每年要经历从最高运行压力到最低压力的快速变化,频繁的压力交互变化将对井的结构产生影响。为提高井的使用寿命和安全,必须对注采井进行防漏设计。要求生产套管必须采用金属对金属的气密封特殊螺纹,同时要求每层套管固井水泥必须上返到地面,最大可能减少天然气从套管泄漏的可能性。此外,配合防漏设计,在注采井生产管柱上也采用特殊螺纹油管,并配套井下封隔器、伸缩短接和井下安全阀等工具,实现注采井生产时的零套压,也可有效保护套管和减少注采天然气泄漏的机会,井下安全阀可保障在意外情况发生时能够从井下及时关闭天然气喷发的通道,减少意外损失。气井的维修和井下作业中,可充分利用现成的地面采气管线与采气系统,实现全密闭式的循环压井和天然气放喷,避免天然气向空中排放,既有效减少资源浪费,又满足了安全和环保要求。

(5)加强对气库的监测,建立动态监测系统网络。对于废弃油气藏改建的储气库,要尽量利用废弃的油气井进行修复后作为观察井,对于利用水藏改建的储气库,要在目的层的构造低部位、盖层或上覆砂岩层分别设立观察井,定期观察井的压力变化和流体性质的变化,以便对天然气的运移情况、天然气的损失情况进行直接和间接的分析、判断,及时采取消减措施。

(6)采气系统设计。对凝析气藏、油藏改建的储气库,尽量减少凝液或原油的携带损失,一是对凝液分离时进行加温,减少凝液中天然气溶解量;二是对已经携带走的天然气再次进行降压分离,尽量对低压状态的天然气进行回收利用。

三、 地下储气库动态监测

地下储气库动态监测主要包括储气库密封性监测、参数监测及油气水界面监测等。国外的动态监测技术日趋完善,仪器设备齐全配套,但由于地质情况和对储气库的要求存在差异,各国对地下储气库的监测内容略有差别。例如,法国地下储气库在运行时,对注采气井不做井下生产动态监测,只在井口和地面进行压力、流量和组分的实时测试;但美国等大多数国家均在储库气水界面附近和盖层附近布置一批观察井,用以监测储气库井下的动态变化,包括气顶、气水界面和盖层的密封情况。

我国在油气田开发过程中,在动态监测方面发展了一些成熟技术,可以为储气库动态监测提供借鉴。我国地下储气库的研究和建造尚处于起步阶段,目前已建成的大张坨、金坛盐穴等地下储气库,虽然在油(气)设计、地面工艺及施工技术等方面具有开创性,但由于运行时间较短,在储库注采过程中尚未形成系统的动态监测技术,配套仪器设备亦不齐全。

(一)动态参数的实时监测

储气库监测的动态参数主要有:采气井压力温度监测,包括产气量、产水量、井口油压、回压、温度、含砂、含水等数据;注气井压力温度监测,包括注气量,压缩机出口压力、温度、井口油压、温度、气体静压、流压、静温、流温等数据。通过监测采气井的动态参数及压力、温度数据,及时掌握储气库的注采量及库内流体的分布和移动规律,进而分析储气库的运行状况。

(二)盖层的密封性监测

储气库盖层的密封性,是评价一座储气库优劣的关键因素。由于盖层分布的不均衡,当注气压力较高时,未探明的盖层可能发生异常,进而使气体向上运移。当气体渗入盖层以上第一个可渗透层时,压力观察井将显示该层压力迅速增大,同时由于水的压缩性低,也可通过水位测定判断有无气体进入该层。

地下盐穴储气库溶腔是埋藏在地下的巨大储气空间,与常规的油气藏有本质区别,虽然盐层密封性很好,但由于地质状况的差异,溶腔整体密封性需要测试确定,否则溶腔注气后一旦发生气体漏失将很难处理。测试包括造腔前和造腔后两个阶段,造腔前测试是为了保证不发生地层漏失才可开始造腔,造腔后测试主要是观测溶腔的密封性。测试方法是以氮气或空气为试压介质,通过下入双层测试管柱,检测气体的泄漏量来评价腔体的密封性。

(三)固井质量和套管的监测

国外在储气库停气期内,通过对储气库注采井进行放射性测试,监测固井质量和检查套管的密封性。固井质量差将导致套管腐蚀,造成套管泄漏,气体通过套管进入渗透层,尤其需要对固井质量差的部位进行重点监测。采用放射性示踪剂定期对套管腐蚀点进行检测,或者通过温度测井及储层和井下动态模拟,查找泄漏位置。套管接箍容易发生泄漏,使用螺纹润滑剂、高质量螺纹和标准上扣工具,可以完全消除螺纹泄漏。对于如枯竭气藏型老井的处理,一般根据井的位置确定是注采井还是观察井,用伽马射线检查老井套管的完整性和套管固结情况。若固结不好可挤注水泥,若套管损坏应更换,新套管应进行水压试验和拉力试验。

(四)监测手段

国外储气库的监测手段主要有:观察井测井,用于检查地面压力或液面的变化情况,监测气体在库内的存在状况及上覆盖层内是否有气体进入;中子测井,用于探测套管外孔隙介质内的气体情况;温度测井,用于探测由于气体流动而产生膨胀所引起的异常温度梯度的变化情况;转子流量计,用于探测套管内气体的流动情况;气体饱和度测井,用于探测不同深度的气体饱和度,预测气水、气油的驱替情况。

储气库在储气前尚需进行保护性测试和采取保护性措施,包括测试评价盖层的地质状况,确定盖层的最大承受压力;测试井下套管、固井水泥和井筒之间的胶结情况;对井下套管采取阴极保护措施等。其对防止储库运行期间的泄漏,均有较好效果。

第四节　天然气处理站场的损耗控制

以普光气田为例,普光气田位于四川省达州市宣汉县,属超深、高含硫、高压、复杂山地气田,是中国目前发现的最大规模海相整装高含硫气田,已探明天然气地质储量 $4122 \times 10^8 m^3$。普光天然气净化厂是国内首个处理高含硫天然气的大型天然气净化厂,主要负责高含硫天然气的净化以及硫黄储存运输,年处理能力为 $120 \times 10^8 m^3$。生产的天然气为川气东送沿线 6 省 2 市的 2 亿多群众和上千家企业提供了优质清洁能源。由于处理量大,天然气损耗也非常大,如何降低气田天然气净化厂的天然气损耗成为一个至关重要的问题。

一、开停工天然气损耗控制技术

(一)开工过程天然气损耗控制技术

净化厂联合装置开工损耗主要分布在脱硫、脱水单元的开工过程,主要损耗发生在开工阶段的不合格天然气放空过程中。根据设计,系统气密合格后,引氮气进行充压建压,胺液循环建立后,引原料气置换氮气,不合格的湿净化气放入火炬系统。湿净化气合格后,并入脱水单元,脱水不合格的产品气也要放入火炬系统,直至水露点合格。根据生产经验,这个阶段单套装置开工过程中损耗的天然气量约 $20 \times 10^4 m^3$。

结合装置的开工程序(图7-8)做适当的调整和优化,降低天然气开工损耗,即经过界区产品气管线单向阀处增加跨线引至脱水系统,然后由脱水单元反串回湿净化气分液罐(D-101),进而反串回二级吸收塔(C-102)和一级吸收塔(C-101),完成脱硫脱水单元的建压。由于反输天然气品质较好,引入原料气后,开工过程基本不存在湿净化气和产品气放空。所以,净化装置开工程序可以优化为:气密合格→反输天然气建压→产品气合格并网。

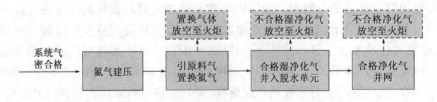

图 7-8　脱硫装置开工顺序

(二)停工过程天然气损耗控制技术

联合装置的停工工况不同(包括紧急停工保压、紧急停工放空、正常停工),天然气损耗量不同。若按每年停工 6 次计算,全年因停工造成的天然气损耗量约 $24 \times 10^4 m^3$。装置停工后,系统内天然气无法进行回收,需要通过减少停工次数来减少停工过程中的天然气损耗。

通过对天然气净化装置实施反充压流程改造,使单套装置开工过程中天然气放空损耗减少约 $20 \times 10^4 m^3$,节约氮气约 $8 \times 10^4 m^3$。

二、闪蒸气损耗分析及回收利用技术

(一)闪蒸气损耗分析

净化装置脱硫单元采用 MDEA 溶剂(现部分装置加入了 UDS 溶剂)脱硫,吸收 H_2S、CO_2 后的富胺液进入闪蒸罐。闪蒸罐用于使吸收塔底流出的富液夹带和烃类逸出。闪蒸气分两路分别进入尾气焚烧炉和火炬系统。正常情况下,闪蒸气全部进入尾气焚烧炉,当气量较大时,去火炬系统压控阀开启,及时排出闪蒸气,保持闪蒸罐内压力稳定。依据设计,单列净化装置闪蒸气量为 $833 m^3/h$。但是实际生产过程中,根据生产经验,6 套联合装置的闪蒸气量均超过设计值,平均闪蒸气量大约在 $1000 \sim 2000 m^3/h$(表 7 - 3),其中一部分进入尾气焚烧炉助燃,其余通过火炬系统放空,放空损失量大约在 50%。按每列装置闪蒸气有 $500\ m^3/h$ 进入火炬,则每年损耗天然气超过 $3900 \times 10^4 m^3$。闪蒸气焚烧后,产生大量的 CO_2 和 SO_2 等有毒有害气体,造成大气严重污染。

表 7 - 3　联合装置各系列闪蒸气放空统计

装置位号	入尾炉闪蒸气,m^3/h	入火炬闪蒸气,m^3/h	闪蒸气损失比例,%
111 系列	846.1	782.6	48.05
112 系列	820.5	755.4	47.93
121 系列	918.1	802.1	46.63
122 系列	858.9	760.0	46.95
131 系列	715.5	648.6	47.56
132 系列	705.8	529.1	42.85
141 系列	775.5	743.8	48.96
142 系列	800.5	750.1	48.37
151 系列	1250.6	1102.8	51.21
152 系列	1542.0	896.8	52.65
161 系列	955.6	925.6	48.41
162 系列	1000.5	830.58	48.06
平均值	882.47	830.58	48.14

(二)闪蒸气损耗控制技术

根据净化厂生产运行和优化调整经验,从闪蒸罐运行参数优化、胺液品质控制优化、消泡剂加注优化、流程改造等几方面对闪蒸气量进行控制。

1. 优化闪蒸罐运行参数

影响富液闪蒸气量的重要参数包括闪蒸罐压力、闪蒸罐液位。闪蒸罐压力越高,闪蒸气量越小,闪蒸罐液位越低,富胺液在闪蒸罐内停留的时间越短,闪蒸气量也越小。结合生产实际,将闪蒸气压力由 0.6 MPa 提高到 0.65 MPa,闪蒸罐液位由 50% 左右降低至 30% 运行。优化后闪蒸气量略有下降。

2. 优化胺液品质

胺液品质与净化装置脱硫系统的运行关系密切,溶液品质越差,脱硫系统越容易发泡,闪蒸气量越大。根据生产经验,如果脱硫系统发泡,闪蒸气量会由 1000m³/h 增加到 4000m³/h,闪蒸气至火炬的控制阀开度会增大至 100%。系统中,导致胺液品质变坏的主要原因是原料气夹带杂质进入系统,胺液降解产物增多,活性炭过滤效果变差,系统腐蚀产物增多等。针对这些原因对胺液品质进行优化调整,调整后闪蒸气量明显降低。

3. 加注消泡剂

系统发泡时,可以通过加入适量消泡剂的方法,稳定装置的运行参数。当然,消泡剂的加入量和加入频率应控制,否则会对胺液品质带来不利影响。

4. 流程改造

结合净化装置脱硫系统流程,将燃料气管网进行改造,将闪蒸气并入燃料气系统,供给净化厂、集气总站和生产服务中心各燃料气用户。改造流程如图 7-9 所示。

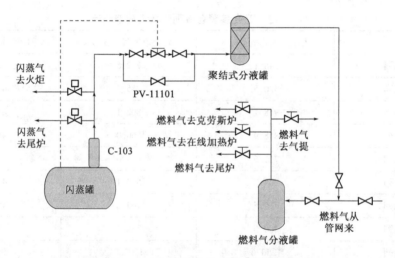

图 7-9　闪蒸气回收利用改造流程

通过改造,闪蒸气回收量明显提高,效果显著:

(1)闪蒸气放空量基本降低为零。单列装置闪蒸气回收量为 1.2×10^4 m³/d,年回收量可达 438×10^4 m³。

(2)闪蒸气品质得到了提高。闪蒸气吸收塔扩径后,闪蒸气中 CO_2 含量范围在 0.59% ~ 1.68%,甲烷含量范围在 91.03% ~98.15%,热值范围在 33.77 ~36.84 MJ/m³,硫化氢含量则由之前的 2% ~3% 降到了 1% 以内。

(3)减轻环境污染。每年可减少火炬放空量 $5\,200 \times 10^4$ m³,极大减少了 CO_2 和 SO_2 的排放量。

三、　自用气优化控制技术

联合装置自用气用户主要包括硫黄回收单元 Claus 炉、尾气处理单元加氢炉、尾气焚烧炉等。根据生产经验,单套生产装置实际消耗的天然气都比设计值高。根据计算,单套装置每小时多损耗 $1020m^3/h$,则每年全套装置损耗天然气约 $4467.6 \times 10^4 m^3$。由于 Claus 炉正常生产不使用燃料气,可以着重对加氢炉和尾气焚烧炉进行优化控制,降低燃料气的使用量。

(一)加氢炉优化调整

根据加氢炉的工艺设计,对加氢炉出口温度进行调整,由原来的 260 ~ 280℃降低至 245 ~ 250℃,温度降低了 10 ~ 35℃,燃料气消耗减少 100 ~ 200m³/h(表 7 - 4)。经过计算,全年整套净化装置可减少燃料气消耗约 $1576.8 \times 10^4 m^3$。

表 7 - 4 加氢调整前后对比表

对比项目	优化前	优化后	差值
加氢炉出口温度,℃	260 ~ 280	245 ~ 250	10 ~ 35
助燃空气流量,m³/h	4500 ~ 5100	3600 ~ 3800	700 ~ 1500
燃料气流量,m³/h	600 ~ 680	480 ~ 500	100 ~ 200

(二)尾气焚烧炉优化调整

针对尾气焚烧炉配风,燃料气量进行了优化调整,调整后燃料气用量大为减少。为了确保尾气中含硫化合物的充分燃烧,炉膛温度应维持在 640 ~ 650℃(表 7 - 5)。由于过程气量的减少,尾炉助燃空气减少约 1000 ~ 6000m³/h,燃料气消耗减少约 5100 ~ 400m³/h,全厂按 5 套装置运行,每年可减少燃料气消耗约 $2628 \times 10^4 m^3$。

表 7 - 5 尾气焚烧炉调整前后对比表

对比项目	优化前	优化后	差值
炉膛温度,℃	640 ~ 650	640 ~ 650	—
助燃空气流,m³/h	36000 ~ 38000	3200 ~ 3500	1000 ~ 6000
燃料气流量,m³/h	2700 ~ 2900	2500 ~ 2600	100 ~ 400

 思考题

1. 什么是天然气损耗?

2. 天然气气化降耗措施有哪些?

3. CNG 加气站常规站产生气损的原因是什么?

参 考 文 献

[1] 曾强鑫.油品计量基础[M].3版.北京:中国石化出版社,2016.

[2] 曾强鑫.油品计量员培训教程[M].北京:中国石化出版社,2005.

[3] 曾强鑫,曾洁.油品计量通俗读本[M].北京:中国石化出版社,2016.

[4] 肖素琴.油品计量员读本[M].3版.北京:中国石化出版社,2011.

[5] 方修睦.建筑环境测试技术[M].北京:中国建筑工业出版社,2008.

[6] 吴玉国.油品计量原理与技术[M].北京:中国石化出版社,2016.

[7] 潘长满.油品计量[M].北京:化学工业出版社,2012.

[8] 徐顺福.成品油计量与管理[M].北京:中国石化出版社,2016.

[9] 王凤林.炼油厂油品储运技术及管理[M].北京:中国石化出版社,2014.

[10] 许行.油库设计与管理[M].北京:中国石化出版社,2009.

[11] 张灯贵,王英波,鲍时付.原油库的油品损耗及其控制[J].油气储运,2005,24(3).

[12] 刘建松.储运过程中油品损耗率的分析确定[J].当代化工,2013(12).

[13] 黄黎明,等.天然气能量计量理论与实践[M].北京:石油工业出版社,2010.

[14] 李大涛,吕继友,盖利庆,等.产销企业天然气输差管控[J].建设管理,2016,35(9):92-94.

[15] 党磊.西北地区天然气贸易计量技术研究[D].西安:西安石油大学,2017.

[16] 潘丕武,张明.天然气计量技术基础[M].北京:石油工业出版社,2013.

[17] 卢嘉敏,张强,张达远,等.差压式流量计综述[J].计量技术,2018(1):9-12.

[18] 郭嘉伟,侯一博.差压式流量计安装和维护要点分析[J].山东工业技术,2017(15):273.

[19] 陆涛.天然气流量仪表的选用标准与维护分析[J].中国石油和化工标准与质量,2017,37(24):7-8.

[20] 彭冬婳,陈琳,卓勇,等.天然气流量计的测量原理与使用建议[J].油气田地面工程,2011,30(3):61-62.

[21] 杨有涛,叶朋.气体流量计[M].北京:中国质检出版社,2016.

[22] 俞旭波,纪波峰,纪纲.一体化差压流量计的优势与实施[J].石油化工自动化,2014,50(2):17-20.

[23] 赵华,高明方.差压式孔板流量计在天然气计量中的应用[J].内蒙古石油化工,2014,40(5):31-32.

[24] 中国石油天然气集团公司人事服务中心.采气工:上册[M].北京:石油工业出版社,2005.

[25] 徐劲峰,徐政,方明豹.浅析测量不确定度与误差比较[J].上海计量测试,1999(5):34-36.

[26] 田晓翠,董常龙,杨正然,等.天然气管输损耗分析与控制综述[J].当代化工,2014,43(7):1-10.

[27] 龚茂娣,李军强,李杨杨,等.天然气损耗控制技术[J].天然气与石油,2014,32(4):31-34.

[28] 李晶晶.ZM天然气管道输差分析及应用程序开发[D].成都:西南石油大学,2017.

[29] 张德学.天然气加气站损耗管理初探[J].科技经济导刊,2017,29:213-216.

[30] 陈晓源,谭羽非.地下储气库天然气泄漏损耗与动态监测判定[J].油气储运,2011,30(7):513-516.

[31] 王起京,张余,刘旭,等.地下储气库天然气损耗及控制[J].天然气工业,2005,25(8):100-102.

附　录

附表1　立式金属罐容积表

罐号:1　　　　　　液体密度:1g/cm³　　　　　　参照高度:14.007m

高度,m	容积,m³	高度,m	容积,m³	高度,m	容积,m³	毫米容积表	
						(0.000～1.199m)	
0.00	0.000	0.40	60.579	0.80	125.956	mm	m³
0.01	1.217	0.41	62.148	0.81	127.622		
0.02	2.434	0.42	63.716	0.82	129.278	1	0.166
0.03	3.652	0.43	65.285	0.83	130.935	2	0.331
0.04	4.869	0.44	66.854	0.84	132.592		
0.05	6.086	0.45	68.423	0.85	134.248	3	0.497
0.06	7.303	0.46	69.991	0.86	135.906	4	0.662
0.07	8.521	0.47	71.560	0.87	137.562		
0.08	9.738	0.48	73.129	0.88	139.218	5	0.828
0.09	10.955	0.49	74.698	0.89	140.875		
0.10	12.172	0.50	76.266	0.90	142.531	6	0.993
0.11	13.521	0.51	77.923	0.91	144.188	7	1.159
0.12	15.177	0.52	79.580	0.92	145.845		
0.13	16.832	0.53	81.236	0.93	147.501	8	1.325
0.14	18.488	0.54	82.893	0.94	149.158		
0.15	20.144	0.55	84.549	0.95	150.815	9	1.490
0.16	21.799	0.56	86.206	0.96	152.471		
0.17	23.455	0.57	87.863	0.97	154.128		
0.18	25.111	0.58	89.519	0.98	155.784		
0.19	26.766	0.59	91.176	0.99	157.441		
0.20	28.422	0.60	92.833	1.00	159.098		
0.21	30.078	0.61	94.489	1.01	160.754		
0.22	31.733	0.62	96.146	1.02	162.411		
0.23	33.389	0.63	97.802	1.03	164.068		
0.24	35.044	0.64	99.459	1.04	165.724		
0.25	36.700	0.65	101.116	1.05	167.381		
0.26	38.356	0.66	102.772	1.06	169.038		
0.27	40.011	0.67	104.429	1.07	170.694		
0.28	41.667	0.68	106.086	1.08	172.351		
0.29	43.323	0.69	107.742	1.09	174.007		
0.30	44.891	0.70	109.399	1.10	175.664		
0.31	46.460	0.71	111.05	1.11	177.320		
0.32	48.029	0.72	112.712	1.12	178.975		
0.33	49.598	0.73	114.369	1.13	180.631		
0.34	51.166	0.74	116.025	1.14	182.287		
0.35	52.735	0.75	117.682	1.15	183.942		
0.36	54.304	0.76	119.339	1.16	185.598		
0.37	55.873	0.77	120.995	1.17	187.254		
0.38	57.441	0.78	122.652	1.18	188.909		
0.39	59.010	0.79	124.308	1.19	190.565		

罐号:1　　　液体密度:1g/cm³　　　

高度,m	容积,m³	高度,m	容积,m³	高度,m	容积,m³	毫米容积表	
1.20	192.220	1.60	258.443	2.00	324.650	(1.200~1.520m)	
1.21	193.876	1.61	260.098	2.01	326.305	mm	m³
1.22	195.532	1.62	261.753	2.02	327.961	1	0.166
1.23	197.187	1.63	263.408	2.03	329.616	2	0.331
1.24	198.843	1.64	265.063	2.04	331.271	3	0.497
1.25	200.499	1.65	266.719	2.05	332.926	4	0.662
1.26	202.154	1.66	268.374	2.06	334.581	5	0.828
1.27	203.810	1.67	270.029	2.07	336.237	6	0.993
1.28	205.466	1.68	271.684	2.08	337.892	7	1.159
1.29	207.121	1.69	273.339	2.09	339.547	8	1.325
1.30	208.777	1.70	274.995	2.10	341.202	9	1.490
1.31	210.433	1.71	276.650	2.11	342.857		
1.32	212.088	1.72	278.305	2.12	344.513		
1.33	213.744	1.73	279.960	2.13	346.168		
1.34	215.400	1.74	281.615	2.14	347.823		
1.35	217.055	1.75	283.271	2.15	349.478		
1.36	218.711	1.76	284.926	2.16	351.133		
1.37	200.366	1.77	286.581	2.17	352.788		
1.38	222.022	1.78	288.236	2.18	354.444		
1.39	223.678	1.79	289.891	2.19	356.099		
1.40	225.333	1.80	291.946	2.20	357.754	(1.521~2.399m)	
1.41	226.989	1.81	293.202	2.21	359.409	mm	m³
1.42	228.645	1.82	294.857	2.22	361.064	1	0.166
1.43	230.300	1.83	296.512	2.23	362.720	2	0.331
1.44	231.956	1.84	298.617	2.24	364.375	3	0.497
1.45	233.612	1.85	299.822	2.25	366.030	4	0.662
1.46	235.267	1.86	301.478	2.26	367.685	5	0.828
1.47	236.923	1.87	303.133	2.27	369.340	6	0.993
1.48	238.579	1.88	304.788	2.28	370.996	7	1.159
1.49	240.234	1.89	306.443	2.29	372.651	8	1.324
1.50	241.890	1.90	308.098	2.30	374.306	9	1.490
1.51	243.545	1.91	309.754	2.31	375.961		
1.52	245.201	1.92	311.406	2.32	377.616		
1.53	246.856	1.93	313.064	2.33	379.271		
1.54	248.512	1.94	314.719	2.34	380.927		
1.55	250.167	1.95	316.374	2.35	382.582		
1.56	251.822	1.96	318.029	2.36	384.237		
1.57	253.477	1.97	319.685	2.37	385.892		
1.58	255.132	1.98	321.340	2.38	387.547		
1.59	256.787	1.99	322.995	2.39	389.203		

罐号:1　　　　液体密度:1g/cm³　　　　

高度,m	容积,m³	高度,m	容积,m³	高度,m	容积,m³	毫米容积表	
2.40	390.858	2.80	457.065	3.20	523.255	(2.400~3.070m)	
2.41	392.513	2.81	458.721	3.21	524.908	mm	m³
2.42	394.168	2.82	460.376	3.22	526.562	1	0.166
2.43	395.823	2.83	462.031	3.23	528.216	2	0.331
2.44	397.479	2.84	463.686	3.24	529.870	3	0.497
2.45	399.134	2.85	465.341	3.25	531.523	4	0.662
2.46	400.789	2.86	466.997	3.26	533.177	5	0.828
2.47	402.444	2.87	468.652	3.27	534.831	6	0.993
2.48	404.099	2.88	470.307	3.28	536.485	7	1.159
2.49	405.755	2.89	471.962	3.29	538.139	8	1.324
2.50	407.410	2.90	473.617	3.30	539.792	9	1.490
2.51	409.065	2.91	475.272	3.31	541.446		
2.52	410.720	2.92	476.928	3.32	543.100		
2.53	412.375	2.93	478.583	3.33	544.754		
2.54	414.030	2.94	480.238	3.34	546.407		
2.55	415.686	2.95	481.893	3.35	548.061		
2.56	417.341	2.96	483.548	3.36	549.715	(3.071~3.599m)	
2.57	418.996	2.97	485.204	3.37	551.369	mm	m³
2.58	420.651	2.98	486.859	3.38	553.023	1	0.165
2.59	422.306	2.99	488.514	3.39	554.676	2	0.331
2.60	423.962	3.00	490.169	3.40	556.330	3	0.496
2.61	425.617	3.01	491.824	3.41	557.984	4	0.662
2.62	427.272	3.02	493.480	3.42	559.638	5	0.827
2.63	428.927	3.03	495.135	3.43	561.291	6	0.992
2.64	430.582	3.04	496.790	3.44	562.945	7	1.158
2.65	432.238	3.05	498.445	3.45	564.599	8	1.323
2.66	433.893	3.06	500.100	3.46	566.253	9	1.488
2.67	435.548	3.07	501.756	3.47	567.907		
2.68	437.203	3.08	503.409	3.48	569.560		
2.69	438.858	3.09	505.063	3.49	571.214		
2.70	440.514	3.10	506.717	3.50	572.868		
2.71	442.169	3.11	508.371	3.51	574.522		
2.72	443.824	3.12	510.024	3.52	576.175		
2.73	445.479	3.13	511.678	3.53	577.829		
2.74	447.134	3.14	513.332	3.54	579.483		
2.75	448.789	3.15	514.986	3.55	581.137		
2.76	450.445	3.16	516.640	3.56	582.791		
2.77	452.100	3.17	518.293	3.57	584.444		
2.78	453.755	3.18	519.947	3.58	586.098		
2.79	455.410	3.19	521.601	3.59	587.752		

罐号:1　　　　　液体密度:1g/cm³　　　　　

高度,m	容积,m³	高度,m	容积,m³	高度,m	容积,m³	毫米容积表	
3.60	589.406	4.00	655.557	4.40	721.642	(3.600~4.0550m)	
3.61	591.059	4.01	657.210	4.41	723.294	mm	m³
3.62	592.713	4.02	658.864	4.42	724.945	1	0.165
3.63	594.367	4.03	660.518	4.43	726.597	2	0.331
3.64	596.021	4.04	662.172	4.44	728.249	3	0.496
3.65	597.675	4.05	663.826	4.45	729.901	4	0.662
3.66	599.328	4.06	665.478	4.46	731.553	5	0.827
3.67	600.982	4.07	667.130	4.47	733.205	6	0.992
3.68	602.636	4.08	668.782	4.48	734.857	7	1.158
3.69	604.290	4.09	670.434	4.49	736.508	8	1.323
3.70	605.943	4.10	672.086	4.50	738.160	9	1.488
3.71	607.597	4.11	673.738	4.51	739.812		
3.72	609.251	4.12	675.390	4.52	741.464		
3.73	610.905	4.13	677.041	4.53	743.116		
3.74	612.559	4.14	678.693	4.54	744.768		
3.75	614.212	4.15	680.345	4.55	746.420		
3.76	615.866	4.16	681.997	4.56	748.071	(4.056~4.799m)	
3.77	617.520	4.17	683.649	4.57	749.723	mm	m³
3.78	619.174	4.18	685.301	4.58	751.375	1	0.165
3.79	620.827	4.19	686.953	4.59	753.027	2	0.330
3.80	622.481	4.20	688.604	4.60	754.679	3	0.496
3.81	624.135	4.21	690.256	4.61	756.331	4	0.661
3.82	625.789	4.22	691.908	4.62	757.983	5	0.826
3.83	627.443	4.23	693.560	4.63	759.635	6	0.991
3.84	629.096	4.24	695.212	4.64	761.286	7	1.156
3.85	630.750	4.25	696.864	4.65	762.938	8	1.321
3.86	632.404	4.26	698.516	4.66	764.590	9	1.487
3.87	634.058	4.27	700.168	4.67	766.242		
3.88	635.711	4.28	701.819	4.68	767.894		
3.89	637.365	4.29	703.471	4.69	769.546		
3.90	639.019	4.30	705.123	4.70	771.198		
3.91	640.673	4.31	706.775	4.71	772.849		
3.92	642.326	4.32	708.427	4.72	774.501		
3.93	634.980	4.33	710.079	4.73	776.153		
3.94	645.634	4.34	711.731	4.74	777.805		
3.95	647.288	4.35	713.382	4.75	779.457		
3.96	648.942	4.36	715.034	4.76	781.109		
3.97	650.595	4.37	716.686	4.77	782.761		
3.98	652.249	4.38	718.338	4.78	784.412		
3.99	653.903	4.39	719.990	4.79	786.064		

罐号:1   液体密度:1g/cm³

高度,m	容积,m³	高度,m	容积,m³	高度,m	容积,m³	毫米容积表	
4.80	787.716	5.20	853.791	5.60	919.865	(4.800~5.500m)	
4.81	789.368	5.21	855.443	5.61	921.517	mm	m³
4.82	791.020	5.22	857.094	5.62	823.169	1	0.165
4.83	792.672	5.23	858.746	5.63	924.821	2	0.330
4.84	794.324	5.24	860.398	5.64	926.473	3	0.496
4.85	795.975	5.25	862.050	5.65	928.124	4	0.661
4.86	797.627	5.26	863.702	5.66	929.776	5	0.826
4.87	799.279	5.27	865.354	5.67	931.428	6	0.991
4.88	800.931	5.28	867.006	5.68	933.080	7	1.156
4.89	802.583	5.29	868.657	5.69	934.732	8	1.321
4.90	804.235	5.30	870.309	5.70	936.384	9	1.487
4.91	805.877	5.31	871.961	5.71	938.036		
4.92	807.539	5.32	873.613	5.72	939.687		
4.93	809.190	5.33	875.265	5.73	941.339		
4.94	810.842	5.34	876.917	5.74	942.991		
4.95	812.494	5.35	878.569	5.75	944.643		
4.96	814.146	5.36	880.220	5.76	946.295		
4.97	815.798	5.37	881.872	5.77	947.947		
4.98	817.450	5.38	883.524	5.78	949.599	(5.501~5.999m)	
4.99	819.102	5.39	885.176	5.79	951.251	mm	m³
5.00	820.753	5.40	886.828	5.80	952.902	1	0.165
5.01	822.405	5.41	888.480	5.81	954.554	2	0.330
5.02	824.057	5.42	890.132	5.82	956.206	3	0.496
5.03	825.709	5.43	891.783	5.83	957.858	4	0.661
5.04	827.361	5.44	893.435	5.84	959.510	5	0.826
5.05	829.013	5.45	895.087	5.85	961.162	6	0.991
5.06	830.665	5.46	896.739	5.86	962.814	7	1.156
5.07	832.316	5.47	898.391	5.87	964.465	8	1.321
5.08	833.968	5.48	900.043	5.88	966.117	9	1.487
5.09	835.620	5.49	901.695	5.89	967.769		
5.10	837.272	5.50	903.347	5.90	969.421		
5.11	838.924	5.51	904.998	5.91	971.073		
5.12	840.576	5.52	906.650	5.92	972.725		
5.13	842.228	5.53	908.302	5.93	974.377		
5.14	843.879	5.54	909.954	5.94	976.028		
5.15	845.531	5.55	911.606	5.95	977.680		
5.16	847.183	5.56	913.258	5.96	979.332		
5.17	848.835	5.57	914.910	5.97	980.984		
5.18	850.487	5.58	916.561	5.98	982.636		
5.19	852.139	5.59	918.213	5.99	984.288		

罐号:1　　　　　液体密度:1g/cm³　　　　　　　　　　　　参照高度:14.007m

高度,m	容积,m³	高度,m	容积,m³	高度,m	容积,m³	毫米容积表	
6.00	985.940	6.40	1052.104	6.80	1118.089	(6.000~7.105m)	
6.01	987.591	6.41	1053.666	6.81	1119.740	mm	m³
6.02	989.234	6.42	1055.318	6.82	1121.392	1	0.165
6.03	990.895	6.43	1056.970	6.83	1123.044	2	0.330
6.04	992.547	6.44	1058.622	6.84	1124.696	3	0.496
6.05	994.199	6.45	1060.273	6.85	1126.348	4	0.661
6.06	995.851	6.46	1061.925	6.86	1128.000	5	0.826
6.07	997.503	6.47	1063.577	6.87	1129.652	6	0.991
6.08	999.155	6.48	1065.229	6.88	1131.303	7	1.156
6.09	1000.806	6.49	1066.881	6.89	1132.955	8	1.321
6.10	1002.458	6.50	1068.533	6.90	1134.607	9	1.487
6.11	1004.110	6.51	1070.185	6.91	1136.259		
6.12	1005.762	6.52	1071.836	6.92	1137.911		
6.13	1007.414	6.53	1073.488	6.93	1139.563		
6.14	1009.066	6.54	1075.100	6.94	1141.215		
6.15	1010.718	6.55	1076.792	6.95	1142.867		
6.16	1012.369	6.56	1078.444	6.96	1144.518		
6.17	1014.021	6.57	1080.096	6.97	1146.170	(7.106~7.199m)	
6.18	1015.673	6.58	1081.748	6.98	1147.822	mm	m³
6.19	1017.325	6.59	1083.399	6.99	1149.474	1	0.165
6.20	1018.977	6.60	1085.051	7.00	1151.126	2	0.330
6.21	1020.629	6.61	1086.706	7.01	1152.778	3	0.496
6.22	1022.281	6.62	1088.355	7.02	1154.430	4	0.661
6.23	1023.932	6.63	1090.007	7.03	1156.081	5	0.826
6.24	1025.584	6.64	1091.659	7.04	1157.733	6	0.991
6.25	1027.236	6.65	1093.311	7.05	1159.385	7	1.156
6.26	1028.888	6.66	1094.963	7.06	1161.037	8	1.321
6.27	1030.540	6.67	1096.614	7.07	1162.689	9	1.487
6.28	1032.192	6.68	1098.266	7.08	1164.341		
6.29	1033.844	6.69	1099.918	7.09	1165.993		
6.30	1035.495	6.70	1101.570	7.10	1167.644		
6.31	1037.147	6.71	1103.222	7.11	1169.296		
6.32	1038.799	6.72	1104.874	7.12	1170.948		
6.33	1040.451	6.73	1106.526	7.13	1172.600		
6.34	1042.103	6.74	1108.117	7.14	1174.252		
6.35	1043.755	6.75	1109.829	7.15	1175.904		
6.36	1045.407	6.76	1111.481	7.16	1177.556		
6.37	1047.059	6.77	1113.133	7.17	1179.207		
6.38	1048.710	6.78	1114.785	7.18	1180.859		
6.39	1050.362	6.79	1116.437	7.19	1185.511		

罐号:1　　　液体密度:1g/cm³　　　　　　　参照高度:14.007m

高度,m	容积,m³	高度,m	容积,m³	高度,m	容积,m³	毫米容积表	
7.20	1184.163	7.60	1250.238	8.00	1316.312	(7.200~8.399m)	
7.21	1185.815	7.61	1251.889	8.01	1317.964	mm	m³
7.22	1187.467	7.62	1253.541	8.02	1319.616	1	0.165
7.23	1189.119	7.63	1255.193	8.03	1321.268	2	0.330
7.24	1190.771	7.64	1256.845	8.04	1322.919	3	0.496
7.25	1192.422	7.65	1258.497	8.05	1324.571	4	0.661
7.26	1194.074	7.66	1260.149	8.06	1326.223	5	0.826
7.27	1195.726	7.67	1261.801	8.07	1327.875	6	0.991
7.28	1197.378	7.68	1263.452	8.08	1329.527	7	1.156
7.29	1199.030	7.69	1265.104	8.09	1331.179	8	1.321
7.30	1200.682	7.70	1266.756	8.10	1332.831	9	1.487
7.31	1202.334	7.71	1268.408	8.11	1334.482		
7.32	1203.985	7.72	1270.060	8.12	1336.134		
7.33	1205.637	7.73	1271.712	8.13	1337.786		
7.34	1207.289	7.74	1273.364	8.14	1339.438		
7.35	1208.941	7.75	1275.015	8.15	1341.090		
7.36	1210.593	7.76	1276.667	8.16	1342.742		
7.37	1212.245	7.77	1278.319	8.17	1344.394		
7.38	1213.897	7.78	1279.971	8.18	1346.046		
7.39	1215.548	7.79	1281.623	8.19	1347.697		
7.40	1217.200	7.80	1283.275	8.20	1349.349		
7.41	1218.852	7.81	1284.927	8.21	1351.001		
7.42	1220.504	7.82	1286.578	8.22	1352.653		
7.43	1222.156	7.83	1288.230	8.23	1354.305		
7.44	1223.808	7.84	1289.882	8.24	1355.957		
7.45	1225.460	7.85	1291.534	8.25	1357.609		
7.46	1227.111	7.86	1293.186	8.26	1359.260		
7.47	1228.763	7.87	1394.838	8.27	1360.912		
7.48	1230.415	7.88	1296.490	8.28	1362.564		
7.49	1232.067	7.89	1298.142	8.29	1364.216		
7.50	1233.719	7.90	1299.793	8.30	1365.868		
7.51	1235.371	7.91	1301.445	8.31	1367.520		
7.52	1237.023	7.92	1303.097	8.32	1369.172		
7.53	1238.675	7.93	1304.749	8.33	1370.823		
7.54	1240.326	7.94	1306.401	8.34	1372.475		
7.55	1241.978	7.95	1308.053	8.35	1374.127		
7.56	1243.630	7.96	1309.705	8.36	1375.779		
7.57	1245.282	7.97	1311.356	8.37	1377.431		
7.58	1246.934	7.98	1313.008	8.38	1379.083		
7.59	1248.586	7.99	1314.660	8.39	1380.735		

罐号:1　　　　液体密度:1g/cm³　　　　

高度,m	容积,m³	高度,m	容积,m³	高度,m	容积,m³	毫米容积表	
8.40	1382.386	8.80	1448.461	9.20	1514.535	(8.400~8.620m)	
8.41	1384.038	8.81	1450.113	9.21	1516.187	mm	m³
8.42	1385.690	8.82	1451.765	9.22	1517.839	1	0.165
8.43	1387.342	8.83	1453.417	9.23	1519.491	2	0.330
8.44	1388.994	8.84	1455.068	9.24	1521.143	3	0.496
8.45	1390.646	8.85	1456.720	9.25	1522.795	4	0.661
8.46	1392.298	8.86	1458.372	9.26	1524.447	5	0.826
8.47	1393.950	8.87	1460.024	9.27	1526.098	6	0.991
8.48	1395.601	8.88	1461.676	9.28	1527.750	7	1.156
8.49	1397.253	8.89	1463.326	9.29	1529.402	8	1.321
8.50	1398.905	8.90	1464.980	9.30	1531.054	9	1.487
8.51	1400.557	8.91	1466.631	9.31	1532.706		
8.52	1402.209	8.92	1468.283	9.32	1534.358		
8.53	1403.861	8.93	1469.935	9.33	1536.010		
8.54	1405.513	8.94	1471.587	9.34	1537.662		
8.55	1407.164	8.95	1473.239	9.35	1539.313		
8.56	1408.816	8.96	1474.891	9.36	1540.965		
8.57	1410.468	8.97	1476.543	9.37	1542.617	(8.621~9.599m)	
8.58	1412.120	8.98	1478.194	9.38	1544.269	mm	m³
8.59	1413.772	8.99	1479.846	9.39	1545.921	1	0.165
8.60	1415.424	9.00	1481.498	9.40	1547.573	2	0.330
8.61	1417.076	9.01	1483.150	9.41	1549.225	3	0.496
8.62	1418.727	9.02	1484.802	9.42	1550.876	4	0.661
8.63	1420.379	9.03	1486.454	9.43	1552.528	5	0.826
8.64	1422.031	9.04	1488.106	9.44	1554.180	6	0.991
8.65	1423.683	9.05	1489.758	9.45	1555.832	7	1.156
8.66	1425.335	9.06	1491.409	9.46	1557.484	8	1.321
8.67	1426.987	9.07	1493.061	9.47	1559.136	9	1.487
8.68	1428.639	9.08	1494.713	9.48	1560.788		
8.69	1430.290	9.09	1496.365	9.49	1562.439		
8.70	1431.942	9.10	1498.017	9.50	1564.091		
8.71	1433.594	9.11	1499.669	9.51	1565.743		
8.72	1453.246	9.12	1501.321	9.52	1567.395		
8.73	1436.898	9.13	1502.972	9.53	1569.047		
8.74	1438.550	9.14	1504.624	9.54	1570.699		
8.75	1440.202	9.15	1506.276	9.55	1572.351		
8.76	1441.854	9.16	1507.928	9.56	1574.002		
8.77	1443.505	9.17	1509.580	9.57	1575.654		
8.78	1445.157	9.18	1511.232	9.58	1577.306		
8.79	1446.809	9.19	1512.884	9.59	1578.958		

罐号:1　　　　液体密度:1g/cm³　　　　

高度,m	容积,m³	高度,m	容积,m³	高度,m	容积,m³	毫米容积表	
9.60	1580.610	10.00	1646.684	10.40	1712.759	(9.600~10.120m)	
9.61	1581.566	10.01	1648.336	10.41	1714.411	mm	m³
9.62	1582.262	10.02	1649.988	10.42	1716.063	1	0.165
9.63	1583.914	10.03	1651.640	10.43	1717.714	2	0.330
9.64	1587.217	10.04	1653.392	10.44	1719.366	3	0.496
9.65	1588.869	10.05	1654.944	10.45	1721.018	4	0.661
9.66	1590.521	10.06	1656.596	10.46	1722.670	5	0.826
9.67	1592.173	10.07	1658.247	10.47	1724.322	6	0.991
9.68	1593.825	10.08	1659.899	10.48	1725.974	7	1.156
9.69	1595.477	10.09	1661.551	10.49	1727.626	8	1.321
9.70	1597.129	10.10	1663.203	10.50	1729.278	9	1.487
9.71	1598.780	10.11	1664.855	10.51	1730.929		
9.72	1600.432	10.12	1666.507	10.52	1732.581		
9.73	1602.084	10.13	1668.159	10.53	1734.233		
9.74	1603.736	10.14	1669.810	10.54	1735.885	(10.121~10.799m)	
9.75	1605.388	10.15	1671.462	10.55	1737.537	mm	m³
9.76	1607.040	10.16	1673.114	10.56	1739.189	1	0.165
9.77	1608.692	10.17	1674.766	10.57	1740.841	2	0.330
9.78	1610.343	10.18	1676.418	10.58	1742.492	3	0.496
9.79	1611.995	10.19	1678.070	10.59	1744.144	4	0.661
9.80	1613.647	10.20	1679.722	10.60	1745.796	5	0.826
9.81	1615.299	10.21	1681.374	10.61	1747.448	6	0.991
9.82	1616.951	10.22	1683.025	10.62	1749.100	7	1.156
9.83	1618.603	10.23	1684.677	10.63	1750.752	8	1.132
9.84	1620.255	10.24	1686.329	10.64	1752.404	9	1.487
9.85	1621.906	10.25	1687.981	10.65	1754.055		
9.86	1623.558	10.26	1689.633	10.66	1755.707		
9.87	1625.210	10.27	1691.285	10.67	1757.359		
9.88	1626.862	10.28	1692.937	10.68	1759.011		
9.89	1628.514	10.29	1694.588	10.69	1760.663		
9.90	1630.166	10.30	1696.240	10.70	1762.315		
9.91	1631.818	10.31	1697.892	10.71	1763.967		
9.92	1633.470	10.32	1699.544	10.72	1765.618		
9.93	1635.121	10.33	1701.196	10.73	1767.270		
9.94	1636.773	10.34	1702.848	10.74	1768.922		
9.95	1638.425	10.35	1704.500	10.75	1770.574		
9.96	1640.077	10.36	1706.151	10.76	1772.226		
9.97	1641.729	10.37	1707.803	10.77	1773.878		
9.98	1643.381	10.38	1709.455	10.78	1775.530		
9.99	1645.033	10.39	1711.107	10.79	1777.182		

罐号:1　　　　液体密度:1g/cm³　　　　

高度,m	容积,m³	高度,m	容积,m³	高度,m	容积,m³	毫米容积表	
10.80	1778.833	11.20	1844.908	11.60	1910.982	(10.800~11.7200m)	
10.81	1780.485	11.21	1846.560	11.61	1912.634	mm	m³
10.82	1782.137	11.22	1848.212	11.62	1914.286	1	0.165
10.83	1783.789	11.23	1849.863	11.63	1915.938	2	0.330
10.84	1785.441	11.24	1851.515	11.64	1917.590	3	0.496
10.85	1787.093	11.25	1853.167	11.65	1919.242	4	0.661
10.86	1788.745	11.26	1854.819	11.66	1920.893	5	0.826
10.87	1790.396	11.27	1856.471	11.67	1922.545	6	0.991
10.88	1792.048	11.28	1858.123	11.68	1924.197	7	1.156
10.89	1793.700	11.29	1859.775	11.69	1925.849	8	1.131
10.90	1795.352	11.30	1861.426	11.70	1927.501	9	1.487
10.91	1797.004	11.31	1863.078	11.71	1929.153		
10.92	1798.656	11.32	1864.730	11.72	1930.805		
10.93	1800.308	11.33	1866.382	11.73	1932.457		
10.94	1801.959	11.34	1868.034	11.74	1934.408		
10.95	1803.611	11.35	1869.686	11.75	1935.760		
10.96	1805.263	11.36	1871.338	11.76	1937.412		
10.97	1806.915	11.37	1872.989	11.77	1939.064	(11.721~11.999m)	
10.98	1808.567	11.38	1874.641	11.78	1940.716	mm	m³
10.99	1810.219	11.39	1876.293	11.79	1942.368	1	0.165
11.00	1811.871	11.40	1877.945	11.80	1944.020	2	0.330
11.01	1813.522	11.41	1879.597	11.81	1945.671	3	0.496
11.02	1815.174	11.42	1881.249	11.82	1947.323	4	0.661
11.03	1816.826	11.43	1882.901	11.83	1948.975	5	0.826
11.04	1818.478	11.44	1884.553	11.84	1950.627	6	0.991
11.05	1820.130	11.45	1886.204	11.85	1952.279	7	1.156
11.06	1821.782	11.46	1887.856	11.86	1953.931	8	1.131
11.07	1823.434	11.47	1889.508	11.87	1955.583	9	1.487
11.08	1825.085	11.48	1891.160	11.88	1957.234		
11.09	1826.737	11.49	1892.812	11.89	1958.886		
11.10	1828.389	11.50	1894.464	11.90	1960.538		
11.11	1830.041	11.51	1896.116	11.91	1962.190		
11.12	1831.693	11.52	1897.767	11.92	1963.842		
11.13	1833.345	11.53	1899.419	11.93	1965.494		
11.14	1834.997	11.54	1901.071	11.94	1967.146		
11.15	1836.649	11.55	1902.723	11.95	1968.797		
11.16	1838.300	11.56	1904.375	11.96	1970.449		
11.17	1839.952	11.57	1906.027	11.97	1972.101		
11.18	1841.604	11.58	1907.679	11.98	1973.753		
11.19	1843.256	11.59	1909.330	11.99	1975.405		

罐号:1　　　　液体密度:1g/cm³　　　　

高度,m	容积,m³	高度,m	容积,m³	高度,m	容积,m³	毫米容积表	
						(12.000~13.199m)	
12.00	1977.057	12.40	2043.131	12.80	2109.206	mm	m³
12.01	1978.709	12.41	2044.783	12.81	2110.858	1	0.165
12.02	1980.361	12.42	2046.435	12.82	2112.509	2	0.330
12.03	1982.012	12.43	2048.087	12.83	2114.161	3	0.496
12.04	1983.664	12.44	2049.739	12.84	2115.813	4	0.661
12.05	1985.316	12.45	2051.391	12.85	2117.465	5	0.826
12.06	1986.968	12.46	2053.042	12.86	2119.117	6	0.991
12.07	1988.620	12.47	2054.694	12.87	2120.769	7	1.156
12.08	1990.272	12.48	2056.346	12.88	2122.421	8	1.131
12.09	1991.924	12.49	2057.998	12.89	2124.073	9	1.487
12.10	1993.575	12.50	2059.650	12.90	2125.724		
12.11	1995.227	12.51	2061.302	12.91	2127.376		
12.12	1996.879	12.52	2062.954	12.92	2129.028		
12.13	1998.531	12.53	2064.605	12.93	2130.680		
6.140	2000.183	12.54	2066.257	12.94	2132.332		
12.15	2001.835	12.55	2067.909	12.95	2133.984		
12.16	2003.487	12.56	2069.561	12.96	2135.636		
12.17	2005.138	12.57	2071.213	12.97	2137.287		
12.18	2006.790	12.58	2072.865	12.98	2138.939		
12.19	2008.442	12.59	2074.517	12.99	2140.591		
12.20	2010.094	12.60	2076.169	13.00	2142.243		
12.21	2011.743	12.61	2077.820	13.01	2143.895		
12.22	2013.398	12.62	2079.472	13.02	2145.547		
12.23	2015.050	12.63	2081.124	13.03	2147.199		
12.24	2016.701	12.64	2082.776	13.04	2148.850		
12.25	2018.353	12.65	2084.428	13.05	2150.502		
12.26	2020.005	12.66	2086.080	13.06	2152.154		
12.27	2021.657	12.67	2087.732	13.07	2153.806		
12.28	2023.309	12.68	2089.383	13.08	2155.458		
12.29	2024.961	12.69	2090.035	13.09	2157.110		
12.30	2026.613	12.70	2092.687	13.10	2158.762		
12.31	2028.265	12.71	2094.339	13.11	2160.413		
12.32	2029.916	12.72	2095.991	13.12	2162.065		
12.33	2031.568	12.73	2097.643	13.13	2163.717		
12.34	2033.220	12.74	2099.295	13.14	2165.369		
12.35	2034.872	12.75	2100.946	13.15	2167.021		
12.36	2036.524	12.76	2102.598	13.16	2168.673		
12.37	2038.176	12.77	2104.250	13.17	2170.325		
12.38	2039.828	12.78	2105.902	13.18	2171.977		
12.39	2041.479	12.79	2107.554	13.19	2173.628		

罐号:1　　　　液体密度:1g/cm³　　　　　　　　　　　　　　　参照高度:14.007m

高度,m	容积,m³	高度,m	容积,m³	高度,m	容积,m³	毫米容积表	
13.20	2175.280					(13.200~13.330m)	
13.21	2176.632					mm	m³
13.22	2178.584					1	0.165
13.23	2180.236					2	0.330
13.24	2181.888					3	0.496
13.25	2183.540					4	0.661
13.26	2185.191					5	0.826
13.27	2186.843					6	0.991
13.28	2188.495					7	1.156
13.29	2190.147					8	1.131
13.30	2191.799					9	1.487
13.31	2193.451						
13.32	2195.103						
13.33	2196.754						

附表 2 立式金属罐容积静压力修正表

罐号:1　　　液体密度:1g/cm³　　　　　　　　　参照高度:14.007m

高度,m	容积,m³	高度,m	容积,m³	高度,m	容积,m³	高度,m	容积,m³
0.00	0.000	4.00	0.162	8.00	0.649	12.00	1.461
0.10	0.000	4.10	0.171	8.10	0.666	12.10	1.486
0.20	0.000	4.20	0.179	8.20	0.682	12.20	1.510
0.30	0.001	4.30	0.188	8.30	0.699	12.30	1.535
0.40	0.002	4.40	0.196	8.40	0.716	12.40	1.560
0.50	0.003	4.50	0.205	8.50	0.733	12.50	1.585
0.60	0.004	4.60	0.215	8.60	0.750	12.60	1.611
0.70	0.005	4.70	0.224	8.70	0.768	12.70	1.637
0.80	0.006	4.80	0.234	8.80	0.786	12.80	1.662
0.90	0.008	4.90	0.244	8.90	0.804	12.90	1.689
1.00	0.010	5.00	0.254	9.00	0.822	13.00	1.715
1.10	0.012	5.10	0.264	9.10	0.840	13.10	1.741
1.20	0.015	5.20	0.274	9.20	0.859	13.20	1.768
1.30	0.017	5.30	0.285	9.30	0.878	13.30	1.795
1.40	0.020	5.40	0.296	9.40	0.897	13.40	1.822
1.50	0.023	5.50	0.307	9.50	0.916		
1.60	0.026	5.60	0.318	9.60	0.935		
1.70	0.029	5.70	0.330	9.70	0.955		
1.80	0.033	5.80	0.341	9.80	0.974		
1.90	0.037	5.90	0.353	9.90	0.994		
2.00	0.041	6.00	0.365	10.00	1.015		
2.10	0.045	6.10	0.378	10.10	1.035		
2.20	0.049	6.20	0.390	10.20	1.056		
2.30	0.054	6.30	0.403	10.30	1.076		
2.40	0.058	6.40	0.416	10.40	1.097		
2.50	0.063	6.50	0.429	10.50	1.119		
2.60	0.069	6.60	0.442	10.60	1.140		
2.70	0.074	6.70	0.455	10.70	1.162		
2.80	0.080	6.80	0.469	10.80	1.184		
2.90	0.085	6.90	0.483	10.90	1.206		
3.00	0.091	7.00	0.497	11.00	1.228		
3.10	0.098	7.10	0.512	11.10	1.250		
3.20	0.104	7.20	0.526	11.20	1.273		
3.30	0.110	7.30	0.541	11.30	1.296		
3.40	0.117	7.40	0.556	11.40	1.319		
3.50	0.124	7.50	0.571	11.50	1.342		
3.60	0.132	7.60	0.586	11.60	1.365		
3.70	0.139	7.70	0.602	11.70	1.389		
3.80	0.147	7.80	0.617	11.80	1.413		
3.90	0.154	7.90	0.633	11.90	1.437		

罐号:2号

高度,cm	容积,L	高度,cm	容积,L	高度,cm	容积,L	高度,cm	容积,L
1	898	36	5637	71	12360	106	20092
2	988	37	5808	72	12570	107	20321
3	1082	38	5980	73	12781	108	20550
4	1179	39	6154	74	12993	109	20780
5	1280	40	6329	75	13206	110	21010
6	1384	41	6506	76	13419	111	21240
7	1491	42	6684	77	13633	112	21470
8	1602	43	6864	78	13848	113	21701
9	1715	44	7044	79	14064	114	21932
10	1831	45	7227	80	14280	115	22163
11	1950	46	7410	81	14497	116	22394
12	2072	47	7595	82	14714	117	22625
13	2196	48	7781	83	14932	118	22857
14	2323	49	7968	84	15151	119	23088
15	2452	50	8156	85	15370	120	23320
16	2583	51	8346	86	15590	121	23552
17	2717	52	8537	87	15811	122	23784
18	2853	53	8729	88	16032	123	24016
19	2992	54	8922	89	16354	124	24248
20	3132	55	9116	90	16476	125	24480
21	3275	56	9312	91	16699	126	24712
22	3419	57	9508	92	16922	127	24944
23	3566	58	9705	93	17146	128	25176
24	3714	59	9904	94	17370	129	25408
25	3865	60	10103	95	17594	130	25641
26	4017	61	10304	96	17820	131	25873
27	4171	62	10505	97	18045	132	26105
28	4327	63	10708	98	18271	133	26337
29	4485	64	10911	99	18497	134	26569
30	4645	65	11115	100	18724	135	26801
31	4806	66	11321	101	18951	136	27033
32	4969	67	11527	102	19179	137	27264
33	5134	68	11734	103	19407	138	27496
34	5300	69	11942	104	19635	139	27727
35	5468	70	12150	105	19863	140	27959

罐号:2号

高度,cm	容积,L	高度,cm	容积,L	高度,cm	容积,L	高度,cm	容积,L
141	898	176	5637	211	12360	246	20092
142	988	177	5808	212	12570	247	20321
143	1082	178	5980	213	12781	248	20550
144	1179	179	6154	214	12993	249	20780
145	1280	180	6329	215	13206	250	21010
146	1384	181	6506	216	13419	251	21240
147	1491	182	6684	217	13633	252	21470
148	1602	183	6864	218	13848	253	21701
149	1715	184	7044	219	14064	254	21932
150	1831	185	7227	220	14280	255	22163
151	1950	186	7410	221	14497	256	22394
152	2072	187	7595	222	14714	257	22625
153	2196	188	7781	223	14932	258	22857
154	2323	189	7968	224	15151	259	23088
155	2452	190	8156	225	15370	260	23320
156	2583	191	8346	226	15590	261	23552
157	2717	192	8537	227	15811	262	23784
158	2853	193	8729	228	16032	263	24016
159	2992	194	8922	229	16354	264	24248
160	3132	195	9116	230	16476	265	24480
161	3275	196	9312	231	16699	266	24712
162	3419	197	9508	232	16922	267	24944
163	3566	198	9705	233	17146	268	25176
164	3714	199	9904	234	17370	269	25408
165	3865	200	10103	235	17594	270	25641
166	4017	201	10304	236	17820	271	25873
167	4171	202	10505	237	18045	272	26105
168	4327	203	10708	238	18271	273	26337
169	4485	204	10911	239	18497	274	26569
170	4645	205	11115	240	18724	275	26801
171	4806	206	11321	241	18951	276	27033
172	4969	207	11527	242	19179	277	27264
173	5134	208	11734	243	19407	278	27496
174	5300	209	11942	244	19635	279	27727
175	5468	210	12150	245	19863	280	27959

附表4 简明铁路油罐车容积表(节选)

表号: A500~599

高度,cm	容积,L	系数	高度,cm	容积,L	系数	高度,cm	容积,L	系数
2800	60714	29.9798	2670	59788	29.5051	2630	59310	29.2626
2490	60708	29.9798	2669	59777	29.5000	2629	59397	29.2566
2780	60678	29.9596	2668	59765	29.4950	2628	59284	29.2505
2770	60634	29.9394	2667	59754	29.4899	2627	59271	29.2444
2760	60580	29.9091	2666	59742	29.4848	2626	59258	29.2384
2750	60517	29.8788	2665	59731	29.4798	2625	59245	29.2323
2740	60446	29.8485	2664	59720	29.4748	2624	59232	29.2263
2730	60369	29.7980	2663	59708	29.4697	2623	59219	29.2202
2720	60285	29.7576	2662	59697	29.4646	2622	59206	29.2141
2710	60196	29.7172	2661	59685	29.4596	2621	59193	29.2081
2700	60101	29.6667	2660	59674	29.4545	2620	59180	29.2020
2699	60091	29.6616	2659	59662	29.4475	2619	59167	29.1950
2698	60081	29.6566	2658	59651	29.4404	2618	59154	29.1879
2697	60071	29.6515	2657	59639	29.4333	2617	59140	29.1808
2696	600061	29.6465	2656	59627	29.4263	2616	59127	29.1737
2695	60051	29.6414	2655	59616	29.4192	2615	59114	29.1667
2694	60041	29.6364	2654	59604	29.4121	2614	59101	29.1596
2693	60031	29.6313	2653	59592	29.4051	2613	59088	29.1525
2692	60021	29.6263	2652	59580	29.3980	2612	59074	29.1455
2691	60011	29.6212	2651	59569	29.3909	2611	59061	29.1384
2690	60001	29.6162	2650	59557	29.3838	2610	59048	29.1313
2689	59991	29.6111	2649	59545	29.3788	2609	59034	29.1253
2688	59980	29.6061	2648	59533	29.3737	2608	59021	29.1192
2687	59970	29.6010	2647	59520	29.3687	2607	59007	29.1131
2686	59959	29.5960	2646	59508	29.3636	2606	58993	29.1071
2685	59949	29.5909	2645	59496	29.3586	2605	58980	29.1010
2684	59939	29.5859	2644	59484	29.3535	2604	58966	29.0950
2683	59928	29.5808	2643	59472	29.3485	2603	58952	29.0889
2682	59918	29.5758	2642	59459	29.3434	2602	58983	29.0828
2681	59907	29.5707	2641	59447	29.3384	2601	58925	29.0768
2680	59897	29.5657	2640	59435	29.3333	2600	58911	29.0707
2679	59886	29.5596	2639	59423	29.3263	2599	58897	29.0626
2678	59875	29.5535	2638	59410	29.3192	2598	58883	29.0545
2677	59864	29.5475	2637	59398	29.3121	2597	58869	29.0465
2676	59853	29.5414	2636	59385	29.3051	2596	58855	29.0384
2675	59843	29.5354	2635	59373	29.2980	2595	58842	29.0303
2674	59832	29.5293	2634	59360	29.2909	2594	58828	29.0222
2673	59821	29.5232	2633	59348	29.2838	2593	58814	29.0141
2672	59810	29.5172	2632	59335	29.2768	2592	58800	29.0061
2671	59799	29.5111	2631	59323	29.2697	2591	58786	29.9980

舱号:左3　　　　　　　　　　　　　　　　　　　　　　　　　　　　　　　量油口高:5145cm

高度,cm	容量,dm³	高度,cm	容量,dm³	高度,cm	容量,dm³	高度,cm	容量,dm³	高度,cm	容量,dm³
1	2312	33	14337	65	29612	97	45566	129	61861
2	2564	34	14801	66	30104	98	46068	130	62379
3	2815	35	15269	67	30597	99	46571	131	62897
4	3066	36	15738	68	31090	100	47074	132	63415
5	3368	37	16206	69	31582	101	47576	133	63932
6	3676	38	16674	70	32075	102	48079	134	64450
7	3983	39	17143	71	32568	103	48581	135	64968
8	4219	40	17611	72	33060	104	49084	136	65486
9	4599	41	18080	73	33553	105	49587	137	66003
10	4906	42	18584	74	34046	106	50089	138	66521
11	5230	43	19016	75	35031	107	50592	139	67039
12	5621	44	19485	76	35524	108	51095	140	67556
13	6011	45	19953	77	36016	109	51597	141	68074
14	6401	46	20421	78	36518	110	52100	142	68592
15	6792	47	20890	79	37020	111	52603	143	69110
16	7182	48	21358	80	37523	112	53105	144	69627
17	7572	49	21827	81	38026	113	53608	145	70145
18	7962	50	22295	82	38528	114	54111	146	70663
19	8353	51	22763	83	39031	115	54613	147	71181
20	8743	52	23232	84	39534	116	55131	148	71698
21	9133	53	23700	85	40036	117	55649	149	72216
22	9524	54	24193	86	40236	118	56167	150	72734
23	9914	55	24685	87	40539	119	56684	151	73251
24	10304	56	25178	88	41042	120	57202	152	73769
25	10752	57	25671	89	41544	121	57720	153	74287
26	11200	58	26163	90	42047	122	58237	154	74389
27	11648	59	26656	91	42550	123	58775	155	75322
28	12096	60	27149	92	43052	124	59273	156	75840
29	12544	61	27641	93	43555	125	59791	157	76358
30	12993	62	28134	94	44058	126	60308	158	76876
31	13441	63	28627	95	44560	127	60826	159	77393
32	13889	64	29110	96	45063	128	61344	160	77911

附表6 102 船舱容积表

船名:102　　舱号:左1

起讫点,mm	高差,mm	部分容量,L	毫米容量,L	累计容量,L
1~707	707	20532.7	29.042	20906.7
708~1087	380	11120.1	29.264	32026.8
1088~1187	100	2897.3	28.973	34924.1
1188~2130	943	27595.5	29.264	62519.6
2131~2500	370	10715.3	28.96	73234.9

附表7　大庆液化舱容积表

船名:大庆　　　　　　　　　　　　　　　　舱号:第一油舱左　　总高:8.21m

空高,m	容量,m³	实际高,m	容量,m³
2.2	180.40	0.0	0.82
2.1	185.14	0.1	1.58
2.0	189.88	0.2	3.40
1.9	194.62	0.3	6.27
1.8	199.36	0.4	10.20
1.7	204.10	0.5	15.18
1.6	208.84	0.6	21.21
1.5	213.58	0.7	28.30
1.4	218.32		
1.3	223.03		
1.2	227.80		
1.1	232.32		
1.0	236.84		
0.9	241.36		
0.8	245.88		
0.7	250.40		
0.6	254.92		
0.5	259.44		
0.4	263.96		
0.3	268.48		
0.2	273.00		
0.1	277.40		

附表8　大庆液化舱纵倾修正值表

前后吃水差,m	0.3	0.6	0.9	1.2	1.5	1.8
1-6号舱	+0.05	+0.10	+0.15	+0.18	+0.23	+0.28

— 188 —